기막힌
SNS 수학

기막힌 SNS 수학

카일 에반스 **지음** 이경아 옮김
초판 1쇄 발행일 2024년 5월 24일
펴낸이 이숙진 **펴낸곳** (주)크레용하우스 **출판등록** 제1998-000024호
주소 서울 광진구 천호대로 709-9 **전화** (02)3436-1711 **팩스** (02)3436-1410
인스타그램 @bizn_books **이메일** crayon@crayonhouse.co.kr

MATHS TRICKS TO BLOW YOUR MIND
Copyright © Kyle D. Evans, 2021
All rights reserved.
Korean translation copyright © 2024 by CRAYONHOUSE CO. LTD.
Korean translation rights arranged with Atlantic Books Ltd through EYA (Eric Yang Agency)

이 책의 한국어판 저작권은 EYA (Eric Yang Agency)를 통해
Atlantic Books Ltd과 독점 계약한 (주)크레용하우스가 소유합니다.
저작권법에 의하여 한국 내에서 보호를 받는 저작물이므로 무단 전재 및 복제를 금합니다.

▪ 빚은책들은 재미와 가치가 공존하는 ㈜크레용하우스의 도서 브랜드입니다.
▪ KC마크는 이 제품이 공통안전기준에 적합하였음을 의미합니다.

ISBN 979-11-7121-067-1 04410

SNS에서 유행하는 수학 퍼즐로
수학 뇌를 확장한다

기막힌 SNS 수학

카일 에반스 지음 | 이경아 옮김

bizn_books
MATHS TRICKS to Blow Your Mind

어떤 피자를 고를래?

18 inch

12 inch

VS

18인치 피자 1판

12인치 피자 2판

♥ **3.14k Likes**

정답은 예상과 다르게 18인치 피자 한 판이야.
원의 넓이는 π x 반지름^{2}이니까
18인치 피자의 넓이는 81π, 12인치 피자 두 판의 넓이는 72π.

빚은
책들

차례

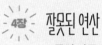

머리말

스마트폰 화면 위로 낯익은 빨간 표시등이 켜진다. 페이스북 알림창이다. 20년 넘도록 한 번도 만난 적 없는 학창 시절 친구에게서 온 것이다. 녀석은 새로 시작하는 벤처 사업에 '좋아요'를 눌러달라고 연락처에 있는 사람 모두에게 요청하거나 동기들과 찍은 빛바랜 사진 한 장을 찾아냈을지도 모를 일이다. 머리통이 감자처럼 생겼다는 이유로 당시 내게는 '감자'라는 별명이 따라다녔다. 위의 이유라면 눈길도 주지 않을 작정이다.

하지만… 무슨 일이지? 이런, 하며 도파민을 유발하는 미끼에 쉽게 넘어가고 만다. 게다가 아이들이 오늘 하루 〈모아나〉를 세 번 보는 동안 나는 꼼짝하지 않고 앉아 있었으니 이런 유혹에 넘어갈 권리가 있다. 친구의 글을 보았다.

수학 마술 : B의 A% = A의 B%

따라서 25의 8%는 8의 25%와 같다.

8의 25%=2

감자, 야 임마! 너 수학으로 밥벌이한 거 맞아? 이런 걸 여태 몰랐다니?!

그렇다. 나는 식스폼칼리지(sixth-form college)[영국에서 중등교육에 해당하는 교육과정으로 대학입학시험인 A 레벨을 준비한다]에서 수학을 가르치는 본업 외에도 주말에는 부스에서 의상을 갈아입어가며 아이와 어른을 위한 수학 쇼를 라이브로 진행하는, 말하자면 '수학으로 밥벌이하며' 살아가는 사람이다. SNS에 유행하는 수학 퍼즐이나 '생활에 유용한 꿀팁'을 접한 사람 수에 비하면 내가 이제껏 가르친 사람 수는 그야말로 조족지혈에 불과하다.

그런데 정말 놀랍다. 여러분은 25의 8%가 8의 25%와 같다는 사실을 알고 있었는가? 이것은 'SNS에서 화제가 된' 수학의 좋은 면을 보여주는 훌륭한 사례다. 정규교육을 받은 사람이라면 누구나 공감할 수 있고 한 번 보면 이해할 수 있는 문제지만, 대다수는 들어보지도 못한 채 학교를 졸업하고 만다. 이보다 좋은 SNS의 영향력이 또 있을까? 대중의 수학적 소양을 높이는 일. 어느 누가 이에 대해 부정적인 태도를 보일 수 있을까? (아나나 다를까 부정적인 태도를 보이는 사람들이 적지 않다. 이는 1장에서 살펴볼 예정이다.)

한편, 온라인에서 화제가 된 수학에는 어두운 측면도 있다. 편 가르기와 분열을 조장하도록 계획된 수학 문제가 보여주는 자극적이면서도 이분법적인 사고방식이 그것이다.

누가 바보일까?

$60 + 60 \times 0 + 1 = ?$

1
61
121

이런 유형의 문제는 SNS에서 화제가 된 수학 문제 중에서도 널리 알려져 있는데, 여기에는 분열을 일으키려는 의도가 깔려 있다. 인터넷의 출현 이후 알게 된 것이 있다면, 그것은 우리가 정답이 분명 61인데도 1이라고 생각할 정도로 순진해 빠진 사람들에게 고함을 지르지 않고는 못 견딘다는 사실이다!

어쨌거나 나는 이런 문제가 사람들 사이에서 화제가 돼 입에 오르내리는 이유가 궁금하다. 수학의 모든 분야를 두루 경험해본 나는 어째서 몇몇 수학 문제가 선풍적인 인기를 누리는 데 비해 그 밖의 문제는 빛을 보지 못하는지 특히 궁금하다.

이 책은 SNS를 통해 '입소문이 난(viral)' 수학 문제를 다루고 있다. 그렇다면 '바이럴'은 정확히 무슨 뜻일까? 이 단어가 인기 있는 동영상, 그래픽, 심지어 생각 그 자체를 설명하는 데 이용되기 시작한 것은 언제부터일까?

리처드 도킨스는 '밈(meme)'[도킨스는 모방이란 뜻을 가진 그리스어 'mimeme'을 생물학 용어 '유전자gene'의 발음에 빗대 밈이란 용어를 만들어냈다. 모방을 되풀이하며 전해지는 사회관습과 문화를 의미한다]이라는 용어의 주인이나 다름없다. 그는 1976년 베스트셀러《이기적 유전자》에서 사람을 통해 퍼져나가는 특정한 문화의 사고방식이나 행동 양식이 밈이라고 설명했다(사실상 밈의 개념을 창시한 도킨스가 오늘날 SNS에 가장 감각이 뒤지고 무미건조한 글을 올린다는 사실은 다소 아쉬움이 남는다). 온라인 어원사전에는 그보다 앞선 1972년에 하버드 경영대학원 교수인 제프리 레이포트가 '바이럴 마케팅'[SNS를 통해 기업의 제품을 알리는 마케팅. 컴퓨터 바이러스virus처럼 퍼진다고 하여 이런 이름이 붙었다]이란 단어를 사용한 게 의학계 밖에서 '바이럴'이 처음 등장한 것으로 기록돼 있다. (위키피디아를) 조금 더 뒤져보면 1964년 철학자 마샬 맥루한이 과학기술에 대해 '본질적으로 전염성이 강하다(virulent in nature)'라고 설명한 자료를 찾을 수 있다. 하지만 SNS의 시대가 도래한 이후로 '바이럴'이란 단어가 바이러스와 별개 의미로 큰 인기를 누리고 있다는 사실은 의심할 여지가 없다.

흥미롭게도, 다양한 세대를 아우르는 친구와 가족을 상대로 인터넷에서 화제가 된 동영상, 트윗, 이미지, 밈을 상징하는 최고의 전형이 무엇인지 물었을 때 사람들은 '엘렌의 오스카 셀피'를 손꼽았다. 이는 2014년 오스카 시상식에서 TV 진행자인 엘렌 드제네레스가 찍은 셀카로, 여기에는 브래드 피트, 줄리아 로버츠, 메릴 스트립, 루피타 농오 같은 특급배우 외에도 루피타 농오가 동반한 남동생 피터 농오까지 절묘하게 기회를 포착해 얼굴을 내밀고 있다. 이 사진은 한동안 트위터에서 가장 많이 리트윗된 게시물로 꼽혔으나 그 후로 네 건의 트윗에 추월당하고 말았다. 그중 두 건은 일본의 억만장자 마에자와 유사쿠가 리트윗한 사람에게 거액의 돈을 나누어주기로 약속한 게시물이다. 또 한 건은 배우인 채드윅 보즈먼의 죽음을 기리는 것이고, 나머지 한 건은 미국의 10대 청소년이 패스트푸드 체인점인 웬디스에 치킨너겟을 무료로 요청한 것이다. 이런 내용이 있으리라고는 전혀 예상하지 못했다.

하지만 앞에서 열거한 사례 가운데 너겟 소년으로 불리는 카터 윌커슨 이외에는 SNS 바이럴이라 불릴 사례는 아니다. 다른 사례는 트위터에 게시물이 올라오자마자 팔로잉이 이루어졌다. 반면 무료로 '너겟'을 받으려는 윌커슨의 요청은, 누가 봐도 불가능한 목표를 달성하려는 시도가 온라인에 퍼져나가면서 한 달 동안 서서히 기세를 잡아나갔다. (윌커슨은 무료로 1년치 너겟을 얻으려면 얼마나 많은 리트윗이 필요한지를 웬디스에 물었고 '1800만' 회의 리트윗이 필요하다는 답변을 받았다. 이와 관련해 엘렌의 셀피는 현재까지 약 300만 회의 리트윗을 기록했으며, 500만 회 이상의 리트윗을 기록한 사례는 아직 없다. 하지만 웬디스는 윌커슨의 요청에 응해 300만 회가 넘는 리트윗을 기록했을 때 1년치 너겟을 제공했다.) 진짜 바이러스도 그렇지 않은가? 처음에는 느리게 시작하지만 확산하기 적합한 환경을 만나면 순식간에 최고조에 이른다. 나는 전염병학자는 아니지만 똑같은 진원지에서 동시에 수백만 명에게 전염되는 생물학적 바이러스가 존재한다고 는 생각하지 않는다. 물론 이 분야에서 내가 가진 지식이라고 하면 대부분 2011년 영화 〈컨테이젼〉[2011년 미국에서 개봉한 영화, 신종 감염병 유행에 따른 공포와 사회적 혼란을 그려냈다]을 반복해서 보고 얻은 것이지 만, 그 점에 관해서는 여전히 내 판단이 옳다고 생각한다.

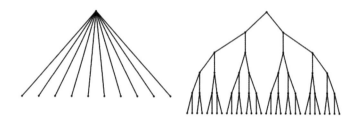

두 가지 형태의 구조적 바이럴리티 정의
출처 : 고엘 외, '온라인 확산의 구조적 바이럴리티'

우리는 '구조적 바이럴리티'로 인터넷에서 급속도로 퍼져나가는 바이럴을 구별할 수 있다. 한쪽 끝에는 엘렌의 셀피처럼 '유포'되는 바이럴이 있다. 처음 게시물이 (위 그림의 왼쪽 이미지와 같이) 단 한 번의 링크로 그것을 본 사람들에게 연결된다. 한편, (그림의 오른쪽 이미지와 같이) 다른 한쪽 끝에는 내가 이 책에서 다루려는 게시물과 같은 유형이 있다. 이 게시물은 처음에는 평범하게 시작하지만, 게시물 공유와 댓글, 심지어 구전을 통해 사람들 사이에 순식간에 퍼져나간다. '흰색/금색 드레스냐 파란색/검은색 드레스냐', '브레인스톰(Brainstorm)으로 들리느냐 그린 니들(Green Needle)로 들리느냐'처럼 최근 인터넷에서 큰 화제를 불러 모은 동영상을 떠올려보라. 이들 게시물의 본질은 사람들이 이를 공유하고 다른 사람의 생각을 알고 싶게 하는 것이다. 자연스럽게 사람들 사이에서 급속히 퍼져나간다.

내가 올린 트윗이 온라인상에서 화제가 된 경우는 그리 많지 않다. 가장 인기 있는 트윗을 꼽자면, 2018년 박싱데이[유럽에서 크리스마스 다음 날인 12월 26일을 일컫는 말로 영연방국가는 이날을 공휴일로 지정했다]에 올린 4분의 1조각 치즈 영상이다. 치즈 조각은 공교롭게도 가격이 π(3.14)파운드에 무게가 π×100그램이었다. 2000명 넘게 '좋아요'를 받은 이 게시물은 시각적 유머가 선사하는 즐거움보다 박싱데이에 저녁 식사를 마친 일반인들이 얼마나 무료한 시간을 보내는지 보여주었다. 어쨌든 핸드폰에 5분마다 뜨는 알림창을 확인하던 때의 짜릿한 기분은 부인할 수 없다. '다음에는 트위터에 무얼 올리지?' 하는 생각이 들었다. 내가 숨겨둔 비장의 삼각법 개그가 무엇이었더라? 안타깝게도, 치즈를 소재로 한 수학 개그는 번개를 병 속에 담은 듯한 행운일 뿐이었다. 다음번에 트위터에 올린 유머는 언제나 그렇듯 세 명의 '좋아요'와 한 번의 리트윗을 얻었을 뿐이다.

Kyle D Evans
@kyledevans

1라디안당 2파운드, 알찬 가격 구조

(그런데 이런 치즈 농담을 모든 독자가 이해하는 것은 아니다. 또 농담만 설명하지 않고 수학과 농담을 동시에 설명하면 독자의 흥미가 반감된다. 이런 이유로 책의 흐름을 방해할 정도로 설명이 길고 어려운 다른 수학 퍼즐과 마찬가지로 치즈 개그에 대한 설명 역시 책의 뒷부분으로 미뤄두었다.)

SNS에서 더 많은 관심을 불러 모으는 손쉬운 방법은 이모티콘으로 이루어진 방정식 문제를 주기적으로 올리는 것이다.

$$\text{⬡} + \text{⬡} + \text{⬡} = 45$$
$$\text{〰} + \text{〰} + \text{⬡} = 23$$
$$\text{〰} + \text{🕐} + \text{🕐} = 10$$
$$\text{🕐} + \text{〰} + \text{〰} \times \text{⬡} = ??$$

(출처 미상)

이런 종류의 퍼즐은 전에도 본 적이 있을 것이다. 물론 많은 이들이 그 해답을 놓고서 죽기 살기로 싸운다. 자기에게 수학적 능력이 없는 것이 무슨 대단한 훈장인 양 이야기하다가도 자기가 정답이라 생각하는 것에 동의하지 않는 멍청이에게는 욕을 퍼붓는 데서 희열을 느끼는 사람이 많은, 그런 세상에 살고 있다는 사실이 신기할 따름이다.

밀레니얼 세대의 경계선에 있는 나는 인터넷이 보급되기 전후 시대를 모두 살았고 인생의 전환기인 열여섯 살에 처음으로 '월드와이드웹'에 접속했다. 세상 모든 정보가 손가락 끝에 달려 있었다! 하지만 20년 후에 바나나 이모티콘을 두고 열네 살짜리 텍사스 아이와 다투는 이모를 도와주느라 끊임없이 스크롤을 내리게 되리라고는 상상도 하지 못했다.

이 책에서는 작은 수학 꿀팁부터 페이스북의 과일 문제, 골치 아픈 시험 문제, 인터넷 이전 시대의 놀이터 수학에 이르기까지 화제가 된 수학 퍼즐 가운데 널리 알려진 55개를 소개한다. 대부분의 퍼즐 정답은 문제 바로 뒤에 따라 나오므로 계산하는 동안 답을 보지 않으려면 간간이 손에서 책을 내려놓아야 할지도 모르겠다. 계산 과정을 설명하는 수학 트릭이나 '꿀팁'도 있다. 내 설명을 듣지 않고 혼자 풀고 싶다면, 책을 한쪽으로 잠시 밀어두거나 그 부분은 건너뛰고 다음으로 넘어갔으면 좋겠다. 그렇더라도 나는 기분 나쁘지 않을 것이다. 여러분이 누군지 모르니까!

앞에 소개한 이모티콘 방정식이 메스꺼움을 유발하더라도 두려워할 필요 없다. 맹세컨대, 쓰디쓴 약을 달콤하게 해줄 논리적 깨달음이 찾아올 것이다. 여러분이 진짜 퍼즐 애호가이거나 온라인 퍼즐을 즐긴다면 여기에 소개한 퍼즐 상당수를 본 적이 있을지도 모르겠다. 하지만 아무리 단련된 퍼즐 마니아라도 새로운 퍼즐을 서너 개 정도는 발견할 것이다. 그중 내 상상력에서 나온 문제는 거의 없다. 나는 모든 퍼즐마다 출제자의 이름을 올리고자 최선을 다했다. 물론 전혀 새로운 게 없다거나 결점을 상쇄할 만한 장점이 없는 퍼즐에는 그런 노력을 들이지 않았다.

이 모든 노력이 어떤 수학 퍼즐이 화제를 불러 모으는지 이유를 찾는 일에 별다른 도움이 안 되더라도 시도해보는 것만으로도 재미있을 것이다.

그럼 서론은 이쯤 해두고 본론으로 들어가자. 심장을 쫄깃하게 하는 수학 트릭의 세계로!

1장

심장을 쫄깃하게 하는 수학 트릭

수학 트릭과 '꿀팁'

#1

75의 4% 계산하기

가장 재미있는 수학 '트릭'은 어쩌면 오랫동안 우리 곁에 가까이 있었지만 알아채지 못한 것일 수도 있다. 최근 나는 대학 입학시험을 준비하는 17세 학생을 대상으로 수학 강의를 시작했다. 어느 날 그중 한 친구가 강의실 앞으로 성큼성큼 걸어와 화이트보드 펜을 집어 들고는 보란 듯이 큼직한 글씨로 이렇게 써나갔다.

75의 4%는 4의 75%와 같다.

그런 다음 그 학생은 카리스마 넘치는 표정을 지으며 화이트보드 펜 뚜껑을 닫고 (오랜 풍습대로 펜을 바닥에 떨어뜨리고 싶은 충동을 간신히 억누른 채) 친구들의 찬사를 받으며 유유히 자리로 돌아갔다. 음, 정확히 말하면 친구들 절반가량이라고 해야겠다. 절반의 학생은 그 학생처럼 마음이 홀딱 빠진 듯이 보였다. 혹시 여러분도 그랬는가? 반면에 나머지 절반은 몹시 당황한 표정으로 앉아 있었다. 그들은 이미 몇 년 전에 이처럼 작지만 유용한 수학 정보의 진실을 접했다.

물론 이 문제는 머리말에서 소개한 바 있다. 서너 달 간격으로 페이스북이나 트위터에는 이와 비슷한 정보가 끊임없이 올라와 다양한 수준의 전파력으로 온라인상에 퍼져나간다.

 Ben Stephens @stephens_ben ·2019년 3월 3일
신기한 백분율 계산 꿀팁

y의 x% = x의 y%

가령 75의 4%를 암산할 필요가 있을 때 거꾸로 4의 75%를 계산하는 편이 더 쉽다.

◯ 628   ↻ 10.7K   ♡ 23K   ↥

댓글을 몇 가지 소개하자면 다음과 같다.

뭔가 한 방 먹은 기분이에요.

예전에 기자들에게 수학을 가르칠 때 이런 이야기를 비장의 무기로

준비해놓고 싶었어요. 수학 공포증이 있는 사람을 위한 수학 트릭은 여럿 있지만, 이렇게 멋진 건 처음이에요.

오늘의 트위터 승자는 스티븐스 씨, 바로 당신입니다!

그런가 하면 인생에서 즐거움을 찾을 여유가 없는 사람들도 있다.

당신 얘기는 한마디로 3 × 2 = 6도 6이고 2 × 3 = 6도 6이라는 거잖아요. 이렇게 단순한 개념을 사람들이 이해하지 못할 거라고 보는 건지? 맙소사.

이게 어째서 뉴스거리인 거죠? 이런 건 스페인어로 'propiedad conmutativa', 즉 교환법칙이라고 하죠. 초등학교에서도 배우는 내용이에요.

'교환법칙'은 나중에 좀 더 살펴볼 생각이다. 우선 이를 조금만 분해해서 트릭이 제대로 작동하는지 확인해본 다음 그 이유를 따져보기로 하자.

4의 75%

백분율 계산은 분수와 비율을 아는 것에서 출발한다. 75%는 4분의 3에 해당한다. 따라서 4의 4분의 3은 **3**임을 바로 알 수 있다.

75의 4%

4%는 '쉬운' 분수가 아니므로 이번에는 (트릭을 모르면!) 계산이 약간 까다롭다. 초등학생에게 설명할 때는 10%와 1%에서 출발한다. 어떤 수의 10%는 원래 수보다 10배 작고 1%는 다시 그것보다 10배 작다. 이 경우는 다음과 같다.

75의 100% = 75
75의 10% = 7.5
75의 1% = 0.75

여기서 75의 4%를 구하려면 75의 1%인 0.75를 4번 더하면 된다. 0.75를 4번 더한 결과는 **3**이다.

따라서 75의 4%를 계산할 때는 대신 4의 75%로 바꿔 계산하는 편이 훨씬 쉽다. 10의 42%를 계산하겠다는 건 꿈도 꾸지 말라고? 그 정도는 문제없다. 42의 10%로 계산하면 훨씬 쉬울 테니까! 100보다 큰 수에도 백분율은 적용된다. 400의 25%를 구해보자. 정말 쉽지 않은가? 400의 4분의 1은 당연히 100이다. 앞선 방식대로라

면 이것은 25의 400%와 값이 같을 테고, 물론 그렇다. 25의 400%
는 그냥 25를 4번 더하면 되고 역시 100이다. 이 같은 계산을 하다 보
면 그런 결과가 나오는 '이유'에 조금씩 가까워진다. 요컨대 이렇다.

다음을 구해보라.

(a) 10의 73%

(b) 25의 12%

(c) 75의 16%

(d) 5의 44%

(e) 25의 13%

사소한 수학 트릭이지만 정말 만족스러운 이유는 학창 시절 수학
수업에서 혼자 힘으로 문제를 푼 뒤 혹시 나 말고도 이해한 친구가
있는지 둘러보던 기억이 여전히 남아 있어서다. 물론 나 말고는 없
었다! 그러니까 나 혼자 이렇게 엄청난 비밀을 알고 있었던 듯하다.
그러고 보니 선생님조차 이를 알고 계셨는지 알 수 없다!

어쨌거나 혼자서 문제를 해결하는 천재성이 나에게 있었다고 말
하려는 건 아니다. 나보다 위대한 수학자도 이런 수법은 모른 채 성
인기를 보냈다. 이 책을 쓰면서 나는 얼마나 많은 이들이 이런 수학
트릭을 알고 있는지 알아보려고 SNS 팔로워를 대상으로 조사했다.
평균적인 SNS 이용자보다는 수학적 지식이 약간 더 풍부했음에도

결과는 여전히 절반가량의 사람이 75의 4%가 4의 75%와 같다는 사실을 모르는 것으로 나타났다.

학교에서 배웠다: 16.4%

SNS를 통해 알았다: 25.2%

다른 매체를 통해 알았다: 15%

전혀 몰랐다: 43.5%

(백분율의 합이 100%가 아닌 이유를 트위터에 문의하라.)

그러니 이런 사실이 충격적이더라도 다들 그러니까 걱정할 필요 없다. 많은 교사가 댓글로 자신이 교사가 될 때까지 이를 모르고 있었다고 밝혔다. 그들은 학교에서 이런 것을 배운 적이 없었다는 점에 적잖이 당혹감을 나타냈다. 이로써 여러분의 선생님조차 이런 트릭을 몰랐던 이유가 밝혀졌다! 그래도 괜찮다. 우리는 날마다 새로운 것을 배워나가니까(여러분이 학교에 근무하고 있다면 더욱더 그럴 것이다). 이런 트릭이 정확히 어떻게 작동하는지 좀 더 세부적으로 들어가 알아보자. 앞부분은 계산기가 없을 때 암산으로 백분율을 계산하는 방법이다.

많은 국가(아마도 대부분의 국가)에서는 구매한 상품 가격에 세금을 미리 매겨둔다. 영국도 대부분 그렇지만, 몇몇 도매점에서는 진열된 상품에 부가가치세(VAT)를 포함한 가격을 표시하지 않는다. 따라서 실제로 지급할 물건값을 준비하고 싶다면 소비자가 직접 계산해야 한다. 어릴 적 부모님을 따라 부가가치세가 빠져 있는 '대량 구매 물품'이 진열된 상점에 가서 부가가치세(당시에는 17.5%였다)가 포함된 실제 가격을 암산하는 법을 배운 기억이 있다. 예를 들어보자.

부가가치세를 제외한 가격: 40파운드
10%:   4파운드
5%:   2파운드(위의 절반)
2.5%:   1파운드(다시 절반)
부가가치세가 포함된 가격: 40파운드 + 4파운드 + 2파운드 + 1파운드 = 47파운드

하지만 2011년 1월 부가가치세의 표준 세율이 20%로 올랐다. 이후 수학 교사에게는 비극적인 일이지만 그 수준을 유지하고 있다. 17.5%를 계산하는 방법은 상당히 멋지다. 10%, 그것의 절반, 다시 그것의 절반. 그에 비해 20%의 계산은 지루하기 짝이 없다. 경제에 대해서는 잘 모르지만, 수학 수업을 훨씬 더 재미있게 만들 수만 있다면 표준 세율을 17.5%로 되돌리는 것에 전적으로 찬성한다.

암산은 훌륭한 연산법인데도 과소평가되는 기술이다. 하지만 여기서는 암산을 이용하지 않아야 연산의 본질을 더 잘 볼 수 있다. 앞에서 75의 4%를 구하는 방법 가운데 하나는 75의 1%를 구한 다

음 여기에 4를 곱하는 것이었다. 이를 또 다른 방식으로 표현하면 다음과 같다.

$$\frac{75}{100} \times 4 = 3$$

마찬가지로 4의 75%는 4의 1%를 구한 다음 여기에 75를 곱해 얻을 수 있다. 암산으로 값을 얻는 최상의 방법과는 거리가 멀지만, 수학적으로는 문제가 없다.

$$\frac{4}{100} \times 75 = 3$$

이제 두 가지 계산을 나란히 놓고 비교해보자.

$$\frac{75}{100} \times 4 = 3 \qquad \frac{4}{100} \times 75 = 3$$

양쪽 모두 4와 75의 곱, 100으로 나누는 연산이 포함돼 있다. 다른 점이라고는 연산이 실행되는 순서밖에 없다. 엄밀히 따지면, 나눗셈은 곱셈과 같다고 볼 수 있다. 가령 2를 곱하는 것은 2분의 1로 나누는 것과 같다.

실제로 나눗셈은 곱셈의 다른 형태에 불과하므로 위의 '트릭'은 하나의 곱셈과 하나의 나눗셈이 아닌 두 개의 곱셈으로 볼 수 있다. 다만 여기서 따져볼 필요가 있는 것은 어떤 순서로 곱하느냐는 것이다. 3이 두 개인 것은 2가 세 개인 것과 같은가? 물론 같다. 이는 (앞서 잘난 척하는 트위터 글에서 살펴본) '교환법칙'으로서 수학의 기본

구성 요소다. 모든 수학 연산에 교환법칙이 적용되는 것은 아니다. 가령 5 빼기 2는 2 빼기 5와 같지 않다. 따라서 뺄셈에서는 교환법칙이 성립하지 않는다(나눗셈도 마찬가지다).

곱셈에서는 교환법칙이 성립하기 때문에 75의 4%와 4의 75%는 순서만 다른 두 가지 곱셈 연산을 실행하는 것에 불과하다. 정의에 따라 그 결과는 같을 것이다.

이번 장을 읽기에 앞서 이런 트릭이 생소하게 느껴진다면 암산으로 백분율을 계산하는 데 익숙해서인지도 모른다. 트릭의 '마력'은 겉으로 보기에 불필요할 만큼 상세하게 계산을 펼쳐놓을 때 비로소 드러난다.

#2
1부터 9까지의 정수 가운데 하나를 생각해보자.
그 수에 3을 곱한다.
거기에 3을 더한다.
그 수에 다시 3을 곱한다.
그렇게 얻은 두 자릿수의 자릿수끼리 합한다.
마지막으로 1을 뺀다. 지금 여러분이 손에 들고 있는 수는······.

와우! 정확히 정답 8에 도착하신 것을 축하드립니다. 이런 트릭은 2020년부터 2021년까지 코로나19로 인한 봉쇄조치 동안 다양한 모습으로 발 빠르게 각색됐다. 다음 사례는 2020년 봄 처음으로 영국에서 국가 차원의 봉쇄가 이루어졌을 때 데본/콘월 경찰이 트위터에 올린 글이다.

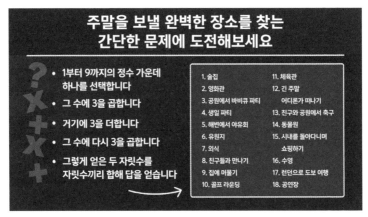

여기서 재밌는 점은 누가 계산하든 결과가 필연적으로 9, 즉 글로벌 팬데믹 시대에 걸맞은 최상의 조언인 '집에 머물기'에 이른다는 것이다.

이런 트릭은 여러분이 학창 시절부터 기억하는 구구단 가운데 9단의 특징에 근거한다. 다시 말해, 9단(9×10까지)의 답에 있는 두 자릿수를 자릿수끼리 합하면 항상 9가 된다는 사실이다.

$1 \times 9 = 9$

$2 \times 9 = 18$ $1 + 8 = 9$

$3 \times 9 = 27$ $2 + 7 = 9$

$4 \times 9 = 36$ $3 + 6 = 9$

$5 \times 9 = 45$ $4 + 5 = 9$

$6 \times 9 = 54$ $5 + 4 = 9$

$7 \times 9 = 63$ $6 + 3 = 9$

$8 \times 9 = 72$ $7 + 2 = 9$

$9 \times 9 = 81$ $8 + 1 = 9$

$10 \times 9 = 90$ $9 + 0 = 9$

어떤 수에 9를 더할 필요가 있을 때는 대신에 10을 더한 다음 1을 빼는 손쉬운 방법도 있다. 10을 더하고 1을 빼는 것은 간단해서 이렇게 두 번의 연산을 하는 것이 9를 한 번 더하는 연산보다 대체로 수월하다. 이런 연산 과정은 9단에 있는 두 자릿수의 자릿수 합이 9가 되는 이유를 설명해준다. 첫 번째 수는 9다. 이후로는 십의 자릿수에 1을 더하고 일의 자릿수에서 1을 빼나가면 된다. 이렇게 해서 얻은 두 자릿수의 자릿수 합은 언제나 9가 된다.

이렇듯 유용한 사실을 다양한 방식으로 활용할 수 있다. 그중 하나가 9단을 배울 때 손가락을 이용하는 기발한 방법이다. 우선 열 개의 손가락을 모두 펴고 왼쪽에서 오른쪽으로 숫자를 매긴다. 가령 9×8을 하고 싶다면 여덟 번째 손가락을 내리고 그 손가락을 기준으로 왼쪽과 오른쪽에 들어 올린 채 남아 있는 손가락 수를 센다. 이 경우는 왼쪽에 일곱 개, 오른쪽에 두 개의 손가락이 남아 있다는 걸 확인할 수 있을 것이다. 이들 수는 각각 십의 자릿수와 일의 자릿수를 나타내며 이로써 우리는 72라는 수를 얻게 된다.

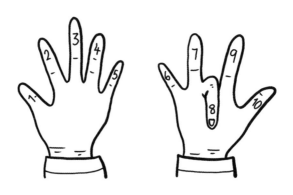

위의 그림에서 보듯 이는 수학이 관련된 수많은 마술과 '독심술'의 핵심이다. 이런 문제는 얼핏 보기에는 선택의 자유를 주는 것 같지만 참가자는 하나같이 어떤 수에 이르게 된다. 그림 '집에 머물기' 그래픽에서 보듯 이처럼 특별한 연산을 잇달아 시행하면 반드시 9의 배수에 이르게 되는 이유를 살펴보자. 여러분이 어떤 수를 선택하든 상관없이 알고리즘을 따른다.

주의: '알고리즘'이라는 단어를 보는 순간 심장마비를 일으키지 않았으면 한다. 근래 들어 페이스북의 케임브리지 애널리티카와의

의심스러운 거래[2018년 케임브리지 애널리티카 회사가 수백만 페이스북 가입자의 프로필을 동의 없이 수집해 정치적 목적으로 사용했다는 사실이 세상에 알려지면서 사회적 물의를 빚은 정보 유출 사건을 의미한다]나 영국 일부 초등학생의 불공정한 성적 분포에 관한 기사를 보면 알고리즘이 언론에서 그리 좋은 평가를 받지 못하는 듯하다. 하지만 알고리즘은 여러 지시를 모아놓은 집합에 불과하며, 그 이상도 이하도 아니다. 페이스북은 수많은 알고리즘을 사용하는데, 그런 알고리즘이 모두 완전히 윤리적인 것은 아니다. 영국 정부는 코로나19 대유행 때문에 2020년에 시험을 못 치른 16세와 18세 학생들의 시험 성적을 매기는 데 알고리즘을 이용했다. 알고리즘이 선천적으로 부도덕할 리는 없다. 그런 혐의는 알고리즘을 만들어낸 개인이나 조직이 받아야 한다. 실제로 교육 당국은 더할 나위 없이 합리적인 알고리즘을 이용하려고 시도했으나 매우 제한된 역사적 자료밖에 없는 문제점을 간과했다. 이런 식의 자료를 이용한 비교는 소규모 집단용으로는 의미가 있었지만, 근본적으로는 학생 수가 적은 사립학교 학생에게 유리했다. 결국, 전체적으로 볼 때는 흠결이 있는 알고리즘이었다.

가만, 어디까지 얘기했었지? 그렇지. 데본/콘월 경찰의 트위터에 등장하는 알고리즘이었다. 이제 가능한 모든 수를 스프레드시트를 이용해 알고리즘에 통과시켜보자.

	×3	+3	×3
1	3	6	18
2	6	9	27
3	9	12	36
4	12	15	45
5	15	18	54
6	18	21	63
7	21	24	72
8	24	27	81
9	27	30	90

어디서 시작하든 우리에게 익숙한 9단으로 마치게 된다는 걸 가장 오른쪽 줄에서 확인할 수 있다. 하지만 표를 작성하면서 뭔가 그럴듯하다는 생각이 들지 않았는가? 표를 하나 그리는 것만으로는 그것이 항상 유효하다는 사실을 확인할 수 없다. 설령 100줄을 그려 넣는다 해도 규칙이 101번 째에서 깨질 수 있기 때문이다. 대신 일반적인 수에서는 어떤 일이 벌어지는지 살펴보자.

첫 번째 단계는 3을 곱하는 것이고, 그러고 나면 '여러분이 처음에 생각했던 수의 세 묶음'에 이르게 된다. 좀 어렵게 느껴지는가? '여러분이 처음에 생각했던 수'와 '여러분이 처음에 생각했던 수의 세 묶음' 대신에 간단히 'n'과 '3n'이라고 써보자. 만약 이런 방식이

'좋다'면 대수가 유용하다는 점에 동의한 것이니 축하받을 일이다! '싫다'고 한다면 지금 이 시점부터 'n'을 볼 때마다 '처음 떠오른 수'로 대치해서 생각해도 된다.

이를 대수적으로 표현하면 훨씬 깔끔하게 정리된다.

처음 수: n

3을 곱한다: 3n

3을 더한다: 3n + 3

3을 곱한다: 3(3n +3), 혹은 9n + 9

마지막으로 얻은 9n + 9는 어째서 항상 9의 배수일까? 9n은 문자 그대로 n이 9묶음이라는 구구단에서 9단에 대한 대수적 정의에 해당한다. 여기서 n은 여러분이 원하는 어떤 수든 가능하다. 9단에 있는 어떤 수에 9를 더하면 9단의 다음번 수를 얻을 것이다.

밑바탕에 깔린 대수를 살펴봤으니 여러분도 자신만의 지시어를 만들어낼 수 있다. 9n이나 9n + 9로 끝나기만 한다면 마음 놓고 더해도 반드시 합해서 9가 되는 두 자릿수의 집합을 얻게 될 것이다. 또 다른 예를 살펴보자.

한 자릿수 하나를 생각해둔다: n

2를 더한다: n + 2

2를 곱한다: 2n + 4

6을 뺀다: 2n − 2

2를 곱한다: 4n − 4

처음 생각한 수를 뺀다: 3n − 4

7을 더한다: 3n + 3

3을 곱한다: 9n + 9

이는 많은 단계를 거치는 동안 실수할 여지가 많아졌기 때문에 독심술에 사용할 알고리즘으로서는 그다지 효과적이지 않을 수 있다. 그러나 계산만 정확하다면 똑같은 효과를 얻는다.

여기까지 왔는데 9단을 기반으로 한 트릭 가운데 가장 유명한 사례를 짚고 넘어가지 않는 것도 어찌 보면 실례일 듯싶다.

#3
1부터 9까지의 정수 가운데 하나를 생각해보자.
2를 더한다.
10을 곱한다.
11을 뺀다.
여러분이 처음 생각한 수를 뺀다.
이제 두 자릿수를 얻었을 것이다.
십의 자릿수와 일의 자릿수를 더한 다음 5를 뺀다.

어떤 수가 나왔든 그 수에 다음과 같은 방식으로 문자를 붙인다: A=1, B=2, C=3, …

그 문자로 시작되는 나라를 생각해보자.

알파벳의 다음 문자로 건너간 다음 그 문자로 시작되는 동물을 생각해보자.

끝으로, 그 동물의 색깔을 생각한 다음 그림을 보면 깜짝 놀랄 것이다.

덴마크에는 회색 코끼리가 없다!

이는 사람들 입에 끊임없이 오르내리는 가장 널리 알려진 수학 독심술 사례다. 어디에서 시작됐는지 유래는 모르겠지만, 이 문제를 보편적인 인간의 의식 속에 심어놓은 것처럼 보이는 덴마크 코끼리 이미지와 관련해 꼭 기억해둘 만한 사항이 있다. 나는 이제 성인이 된 제자들이 이 문제를 두고 페이스북에서 논쟁하는 것을 목격해왔으며 이를 인스타그램이나 틱톡에서도 찾아볼 수 있다는 얘기를 그보다 젊고 냉철한 친구들(물론 이 친구들은 나의 조카들이다)에게서 전해 들었다.

이상하게도 '덴마크 코끼리'라는 문구를 구글에서 검색할 때 가장 먼저 열린 페이지는 이 트릭이 '90퍼센트'는 맞아떨어진다고 주장하는 플레이티비티즈닷컴(playtivities.com)이라는 웹사이트였다. 이 책 전반에 걸쳐 살펴보겠지만, 불확실한 백분율 수치는 SNS에서 입소문을 타고 번지는 수학의 두드러진 특징이다. 명백히 날조된 듯한 백분율을 볼 때면 언제나 부아가 끓어오른다. 그래서 나는 정확한 수치를 얻고자 개인적인 임무를 수행한다.

팩트 체크!

물론 이런 트릭도 두 가지 이유로 실패할 수 있다. 답변하는 사람이 계산을 잘못한다든지 덴마크와 코끼리를 둘 다 선택하지 않는 경우다. 분명히 이 트릭은 처음부터 응답자가 이런 나라와 동물을 선택하도록 유도하려고 만들어졌다. 하지만 과연 얼마나 많은 이들이 이런 조합을 생각해낼까? 내가 가르치는 학생과 동료, 트위터(@kyledevans) 팔로워 모임의 우수 회원으로 이루어진 209명의 응답자 표본을 조사해 다음과 같은 결과를 얻었다.

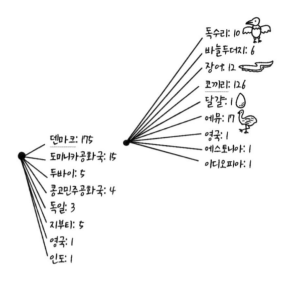

덴마크: 175
도마니카공화국: 15
두바이: 5
콩고민주공화국: 4
독일: 3
지부티: 5
영국: 1
인도: 1

독수리: 10
바늘두더지: 6
장어: 12
코끼리: 126
달걀: 1
에뮤: 17
영국: 1
에스토니아: 1
이디오피아: 1

몇 가지는 미리 밝혀둘 필요가 있을 것 같다. '어떤 사람들은 문제를
제대로 읽지 못한다.' 아니면 실제로 에스토니아를 동물로 생각하는
이들도 있다. 이 트릭을 이미 알고 있는 몇몇은 기를 쓰고 다른 답
을 내놓으려 한다. '분명 덴마크가 아닌 지부티(Djibouti)'라고 응답
한 사람도 있었다(근래에 '지부티'라는 답변이 널리 유행하고 있는데, 이
는 인기는 높지만 쓸데없는 오후의 TV 퀴즈쇼 프로그램 때문에 젊은 층의
지리 지식이 확장됐기 때문이다)! 그것만 제외하면 응답자 209명 가운
데 175명은 나라 이름으로 덴마크를 대고 그중 126명은 동물 이름
으로 코끼리를 댄다. 트릭이 만족스러운 결론에 이르려면 덴마크와
코끼리를 둘 다 답으로 내놓아야 한다는 점을 염두에 두고 내가 얻
은 증거 자료를 보자. 트릭은 209번 가운데 대략 126번, 즉 60%의

성공을 거두게 되리라 예측할 수 있다. 모든 응답자가 계산을 정확히 한다손 치더라도 웹사이트에서 알려준 것보다 훨씬 낮은 수치다.

60%만 성공을 거두는 트릭도 가치가 있을까? 폴 다니엘스[영국에서 가장 유명한 마술사]가 5번 가운데 2번이나 조수를 토막낸다면 그가 유명한 마술사가 될 수 있었을까?

나는 언제 어디서든 접할 수 있는 덴마크-코끼리 트릭과 그것이 세상에 널리 알려지게 된 경위와 이유에 관해 쓰고 싶었다. 그래서 경험 많은 수학 마술사인 친구 벤 스파크스에게 덴마크-코끼리 트릭을 어디서 처음 들었는지 물어보았다.

"뭐라고?" 그가 물었다.

"덴마크-코끼리 트릭 말이야. 사람들이 덴마크 코끼리를 생각하게끔 하는 트릭 알지?"

"물론 알고말고. 하지만 난 덴마크 오렌지색 캥거루를 생각하게끔 하는데."

아하! 덴마크 오렌지색 캥거루라! 그렇게까지는 생각 못 해봤는데. 사실 여부를 확인하려고 나는 '덴마크 캥거루 오렌지'를 구글에서 검색했고 상당수의 사람이 그렇게 응답한다는 사실을 알게 됐다. '덴마크 오렌지색 캥거루'도 '덴마크 회색 코끼리'만큼이나 높은 조회수를 기록했다. 우리 모두 자신의 확고부동한 시각으로 세상을 바라본다는 사실이 재미있다.

트릭의 대상을 D로 시작되는 유럽의 나라 이름으로 정하는 것까지는 같았지만 벤은 선택한 나라의 마지막 철자로 시작되는 동물을 생각하고 선택한 동물의 마지막 철자로 시작되는 색깔을 생각하라고 응답자에게 요구했다. 나는 내 트위터 팔로워 군단의 인내심에 지칠 대로 지쳐 있었기 때문에 덴마크–캥거루–오렌지로 이어지는 경로의 완벽성 여부는 따져보지 않았다. 특히 성탄절 저녁 식사 자리에서 가족 모두의 이목을 집중시키고 나면 그중에는 물총새(kingfisher)나 범고래(killer whale)를 떠올리는 사람도 있게 마련이다.

덴마크–코끼리 트릭은 실제로 성공을 보장하지 않는 수학 마술 트릭의 훌륭한 사례지만, 일이 잘못되는 것을 감수할 만큼 종종 충분한 보상이 주어진다. 비슷한 사례를 또 하나 소개한다. 이번에는 계산기가 필요하다.

#4

한 자릿수 10개를 무작위로 선택한 후 곱해보자. 같은 수를 한 번 이상 선택해도 된다.

상당히 긴 숫자가 나왔을 것이다.

첫 번째 자릿수를 가린 채 나머지 자릿수를 모두 더해보자.

그럼 한 자릿수나 두 자릿수가 나올 것이다.

한 자릿수가 나오면 다음 단계로 넘어간다. 두 자릿수가 나오면 두 수를 더해 한 자릿수로 만들고 나서 다음 단계로 넘어간다.

9에서 그 수를 뺀다.

가리고 있던 수(첫 번째 자릿수)가 얼마인지 들여다보라. 짜잔!

이해가 잘 안 되는 사람들을 위해 예를 들어보겠다.

10개의 한 자릿수를 곱한다: $2 \times 3 \times 3 \times 5 \times 5 \times 5 \times 7 \times 7 \times 8 \times 8 = 7,056,000$

첫 번째 자릿수 7을 가린 채 나머지 자릿수를 모두 더한다: $5 + 6 = 11$

그렇게 만들어진 두 자릿수의 두 수를 다시 더한다: $1 + 1 = 2$

9에서 이 수를 뺀다: $9 - 2 = 7$, 7은 지금까지 여러분이 덮고 있는 첫 번째 자릿수다.

대체 무슨 일이 벌어진 걸까? 다른 자릿수가 첫 번째 자릿수에 어떻게 영향을 줄 수 있을까? 이런 결과는 앞에서 살펴본 9단의 특징에 기인한다. 한마디로, 9의 배수의 자릿수근[자릿수를 더하는 과정을 반복해 얻은 한 자릿값. 이 과정은 한 자리가 될 때까지 계속한다. 가령 8401의 자릿수근은 4가 된다]은 항상 9의 배수라는 것이다.

$1 \times 9 = 9$

$2 \times 9 = 18 \quad 1 + 8 = 9$

$3 \times 9 = 27 \quad 2 + 7 = 9$

등등

그 뒤로 계속 곱셈표를 만들어가면 어떻게 될까?

$10 \times 9 = 90$ $9 + 0 = 9$

$11 \times 9 = 99$ $9 + 9 = 18$ $1 + 8 = 9$

$12 \times 9 = 108$ $1 + 0 + 8 = 9$

$13 \times 9 = 117$ $1 + 1 + 7 = 9$

등등

두 자릿수 이상이 되더라도 자릿수를 더하는 과정을 계속하면 위의 99에서 보듯이 9의 배수는 항상 자릿수근이 9인 것처럼 보인다.

이런 사실을 알고 나면 어떤 수가 9단에 속한 수(다시 말해, 9의 배수)인지를 자릿수근으로 재빨리 판단할 수 있게 된다. 가령 6,698,106은 9의 배수일까? 자릿수의 합을 구해보자.

$6 + 6 + 9 + 8 + 1 + 0 + 6 = 36$

36은 한 자릿수가 아니므로 또다시 자릿수의 합을 구한다.

$3 + 6 = 9$

이로써 우리는 자릿수근 9를 얻었다. 이는 6,698,106이 실제로 9의 배수임을 의미한다(자릿수근이 3인 임의의 수는 3의 배수가 된다는 사실도 주목하라). 따라서 첫 번째 자릿수를 제외한 정수의 자릿수근에다 첫 번째 자릿수를 더하면 마찬가지로 9가 된다.

(첫 번째 자릿수인 6을 제외하면): 6 + 9 + 8 + 1 + 0 + 6 = 30

30의 자릿수근은 3이고 9 − 3 = 6이다. 6은 앞에서 제외됐던 첫 번째 자릿수다. 여기서 트릭이 어떻게 성공하는지를 알 수 있다. 여러분이 9의 배수를 만들게끔 유도하면 길게 늘어진 수의 자릿수근이 9가 되리라 자신 있게 예측할 수 있다.

그렇다면 어떻게 9의 배수인 수를 선택하도록 유도할 수 있을까? 한 자릿수 10개를 곱하다 보면 어딘가에서 9가 등장할 것이다. 설령 그렇지 않더라도 3이 2번 등장하거나 ('숨겨진' 3이 포함된) 6이 2번 등장하거나 3과 6이 동시에 등장할 수도 있다. 이들 성분이 함께 곱해진 숫자열은 분명 9의 배수라는 결과를 안겨줄 것이다.

물론 장담할 수는 없다. 2를 10번 곱하면 2^{10} = 1024라는 결과를 얻게 되는데, 이는 분명 9의 배수가 아니다. 하지만 대다수는 9로 나누어지는 수를 선택해 결국 성공적이면서도 만족스러운 결과를 얻게 될 것이다. (정말 임의로 10개의 숫자를 선택할 경우 이런 트릭의 성공률은 93%가량 된다. 그 계산은 책의 뒷부분에 실어두었다. 하지만 참가자가 정말 무작위로 숫자를 선택하지는 않기 때문에 경험상 트릭은 성공하기 쉽다. 1부터 9까지의 수를 '공평하게 흩어놓으면' 트릭의 성공률은 훨씬 높아진다.)

이제 좀 더 만족스러운 결과를 살펴보자.

#5
42 X 21 계산하기

이처럼 두 자릿수의 곱셈 문제는 어떤 식으로 해결하는가? 학교에서 배운 대로 하면 다음과 같을 것이다.

```
      4  2
×   2  1
─────────
      4  2
8  4  0
─────────
8  8  2
```

아니면 이런 계산도 가능하다.

×	40	2
20	800	40
1	40	2

$800 + 40 + 40 + 2 = 882$

혹은 $42 \times 21 = 2 \times 21 \times 21 = 2 \times 21^2$이고 21^2이 $20^2 + 2(20) + 1 = 441$임을 주목해서 882라는 정답을 도출할 수도 있다. 나만 그런가?

하지만 '일본식 곱셈 계산법'을 이용해 위의 연산을 어떻게 하는지 보여주는 동영상이 2020년 말 틱톡에서 사람들의 마음을 사로잡기 시작했다.

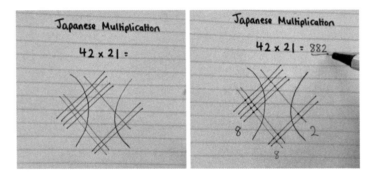

출처 : 틱톡/jesslouisec

이 방법은 잊힐 만하면 SNS 여기저기서 등장하곤 하는데, 연산이 실행되는 모습을 맨 처음 볼 때는 무척 놀랍다. 42는 북동쪽에서 아래로 그린 직선, 21은 북서쪽에서 아래로 그린 직선으로 표현한다.

왼쪽에 있는 교점의 개수는 정답에서 백의 자릿수를 나타내고 중간에 있는 교점의 개수 총합은 십의 자릿수를 나타내며 오른쪽에 있는 교점의 개수는 일의 자릿수를 나타낸다. 이렇게 도식을 이용한 단순하면서도 오래된 곱셈 계산법을 처음 접하면 큰 기쁨을 느 낀다.

그런데 여러분은 학창 시절 이런 계산법을 배운 적이 있는가? SNS에서 화제가 된 이 동영상 사례는 십의 자리와 일의 자리에 4, 2, 1처럼 비교적 작은 수가 포함된다. 그 결과 우리는 세기도 쉽고 자릿수를 옮길 필요도 없는 적은 수의 교점을 기분 좋게 얻을 수 있 다. 하지만 십의 자리와 일의 자리에 큰 숫자가 들어가면 어떨까?

다음은 '일본식 곱셈 계산법'을 내 나름으로 만들어본 것이다. 이 것을 설명한 내 동영상은 좀처럼 인기가 없었다. 왜?

79 x 86

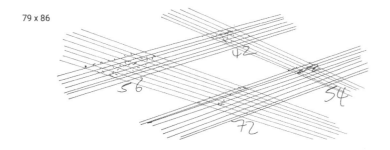

일의 자리에 54개의 교점이 생겼다. 여기서 5는 십의 자리로 건 너가 이미 거기서 어렵사리 세놓은 114개의 교점과 합쳐야 한다. 이로써 십의 자리의 교점은 119개가 됐다. 119개의 교점 가운데 11 은 백의 자리로 건너가 56개의 교점과 합쳐져 67개가 된다. 백의 자리의 67 뒤로 십의 자리에 남겨진 9가 따르고 그 뒤를 일의 자리에 남은 4가 따른다. 이로써 우리는 6794라는 수를 얻었다. 별로 만족스럽지 않다.

문제를 모두 이런 방식으로 푸는 것은 골치 아프다. 내가 노트에 써놓은 계산을 본 아내는 여섯 살 된 아이에게 아빠 작업물에 함부로 낙서하지 말라고 꾸짖었다. 7줄과 8줄이 만나서 생긴 교점 수를 세는 일은 말할 수 없이 힘겹다. 그래서 7에다 8을 곱해버리는 게 차라리 쉽다. 실제로 79 × 86을 '일본식 곱셈 계산법'(그런데 이런 방법이 일본에서 시작됐다는 증거는 물론 다른 나라보다 일본에서 널리 보급됐다는 증거조차 찾을 수 없다. 만약 거기에 이름을 붙인다면 나는 훨씬 나은 이름을 붙일 수 있다. 가령, 〈스타트렉〉에 등장하는 종족 이름을 딴 클링온 곱셈은 어떤가?)으로 하려면 7 × 8, 7 × 6, 9 × 8에다 몇 번의 자릿수 옮김과 10을 곱하는 계산이 필요하다. 우리는 여기에 그려둔 직선을 이보다 간결하면서도 같은 역할을 하는 다른 무언가로 교체할 수도 있다.

×	80	6
70	5600	420
9	720	54

$$5600 + 420 + 720 + 54 = 6794$$

'일본식 곱셈 계산법'을 기분 좋게 느끼려면 모든 자릿수에 포함된 수가 작아야 한다. 다시 말해, 비교적 복잡하지 않은 계산이어야 시각적으로 보기 좋다. 하지만 다음에 소개할 바이럴은 숫자가 작다고 해서 유명해진 건 아니다.

2장

내 어린 시절은 그렇지 않았지

인터넷 이전 시대에 입소문을 탄 수학

온라인상의 온갖 정보며 비결, 꿀팁에 흠뻑 빠져 있는 요즘 같은 시대에는 초고속정보통신망에 끊임없이 접속하지 않으면 절대 그런 비결과 만날 수 없다고 생각한다. 하지만 스마트폰 이전에 교육을 받은 사람이라면 누구든 플라스틱과 금속으로 조립한 작은 상자가 우리의 관심을 빼앗기 오래전에도 수수께끼와 퍼즐, 마술이 넘쳐났다고 전해줄 것이다.

하교 시간에 인근 초등학교를 지날 때마다 많은 10대 아이가 교문을 나서자마자 스마트폰에 몰입하는 풍경을 본다. 그러면 이따금 내 가슴에 놀라움과 서글픔이 교차한다. 향수를 불러일으키는 호비스[영국의 유명한 식빵 회사] 광고 음악이 효과음으로 들려오던 내 어린 시절의 하굣길은 그렇지 않았다. 집으로 돌아가면서 친구끼리 대화하는 법을 배워야 했다. 대화의 90%는 어김없이 축구라든지 누가 누구를 좋아한다든지 하는 이야기, 전날 텔레비전서 본 코미디의 내용이었다. 그 와중에도 나머지 10%는 흔히 수수께끼, 퍼즐, 두뇌 테스트였다.

그중에는 호빗식 언어로 된 짤막한 수수께끼도 있었다. "마를수록 더 축축해지는 건 뭐지?" "왼손엔 쥘 수 있지만, 오른손에는 쥘 수 없는 건 뭐지?" 그런 수수께끼는 종종 정교한 언어를 기반으로 만든 난제였다. "창문도 없이 나무 의자 하나만 있는 감방에 갇혀 있다고 치자. 너라면 어떻게 탈출할래?"

(화끈거릴sore/saw 정도로 두 손을 비빈 다음 톱saw을 이용해 의자를 반으로 자른다. 두 개의 절반은 하나의 전체whole/hole를 이룬다. 구멍hole에서 나와 안전한 곳으로 기어오른다. 그때 몇몇 사람들이 네 목이 쉴hoarse/horse 때까지 외치면 말horse을 타고 떠나 자유의 몸이 되는 거지. 그런데 그건 말도 안 되는 헛소리다.)

친구들과 나는 치밀한 살인 현장을 구성하는 게임을 하기도 했다. 거기에다 우리는 탐정 놀이까지 하며 일이 벌어진 현장에서 단서를 찾는 시늉을 했다. "한 남자가 전화부스에서 죽은 채로 발견됐다. 피투성이가 된 남자의 팔은 양쪽 유리판을 뚫고 나와 있었다. 공중전화부스 귀퉁이에는 낚싯대가 놓여 있었고 매달린 전화기 너머에서는 '여보세요? 여보세요?' 하는 여자의 목소리가 들려왔다. 무슨 일이 벌어진 걸까?" (남자는 낚시를 갔다가 흥분해서 아내에게 전화를 걸던 참이었다. '내가 이만한 걸 잡았다고!') 한번은 10대 학생들을 붙잡고 이 문제를 내본 적이 있다. 그런데 공중전화부스가 뭔지 설명하느라 5분이 흐르는 사이 아이들은 흥미를 잃고 딴전을 피웠다.

그중 수에 기반을 둔 것이 있다. "세인트 아이브스[영국 잉글랜드 남서부의 콘월반도에 있는 연안 마을. 오늘날에는 관광 휴양지로 유명하다]를 향해 가다가 7명의 부인을 거느린 남자를 만났다. 부인마다 7개의 자루를 들고 있었고, 자루마다 7마리의 고양이가 들어 있었으며, 고양이마다 7마리의 새끼를 데리고 있었다. 새끼 고양이, 고양이, 자루, 부인, 이렇게 해서 모두 몇 명(/마리)이나 세인트 아이브스를 향해 가고 있을까?"(정답은 수수께끼의 화자인 한 사람이다. 다른 이들은 세인트 아이브스를 떠나 여행 중이다.)

다른 무엇보다 두 가지 이유 때문에 나는 세인트 아이브스 수수께끼를 좋아하지는 않는다. '빠져드는 포인트'가 없기 때문이다. 첫 번째로, 욕심 많은 남자와 그가 거느린 7명의 부인이 맞은편에서 다가오는 것을 상상할 수 없다. 두 번째로, 이런 상황에서 우리는 7명의 부인이 각자 7개의 자루를 들고 있고 자루마다 7마리의 고양이와 49마리의 새끼 고양이가 들어 있다고 믿어야 한다. 고양이 한 마리는 평균 4kg가량 되고 새끼 고양이 한 마리는 0.5kg가량이다. 이는 곧 부인이 들고 있는 자루 하나가 거의 50kg에 육박하기 때문에 7자루 통틀어 350kg에 가까운 무게였다는 말인데, 그 정도면 몸집이 큰 회색곰의 몸무게와 맞먹는다. 나는 이런 이야기에 빠져들 수 없다. 이런 것에 너무 내가 민감한 걸까?

콘월지방 사람의 일부다처제라든가 동물 학대 문제는 제쳐두고, 수를 기초로 한 문제 가운데 내가 특히 좌절했던 문제는 대개 '사라진 달러' 혹은 '사라진 파운드' 수수께끼로 알려져 있다.

#6

세 여자가 모여 점심을 먹으러 나갔다. 식당에서 그들은 1인당 10파운드의 음식을 주문했고 테이블 위에 10파운드 지폐 3장을 올려놓았다. 웨이터는 받은 돈을 금전등록기로 가져갔고, 지배인은 주문한 음식이 특별 할인 메뉴라 3인분에 25파운드라고 알려주었다. 웨이터는 거스름돈으로 1파운드 동전 5개를 테이블 위에 올려두었다. 손님들이 각자 1파운드씩 가져가기로 하고 웨이터에게 2파운드를 팁으로 주었다.

손님들은 각자 10파운드씩, 3사람이 30파운드를 갖고 식당에 왔다. 식사비용으로 각자 9파운드씩 지급해 3사람이 지급한 금약은 전부 27파운드였다. 여기에 웨이터에게 팁으로 준 2파운드를 더하면 29파운드가 된다. 그렇다면 나머지 1파운드는 어디로 간 걸까?

이 수수께끼는 난공불락과도 같은 명성을 자랑한다. 나는 1990년대 말 운동장에서 처음 이 수수께끼를 듣고는 만나는 사람마다 이 신선하면서도 흥미 넘치는 난제를 퍼트리고 다녔다. 실제로 친구인 필은 1파운드가 사라진 수수께끼에 너무도 감명을 받은 나머지 다음과 같은 계획을 세웠다. 그의 계획인즉슨, 여기저기 차를 몰고 다니면서 이런 허점을 이용해 가게에서 동전 몇 닢씩 손에 넣는 행복한 결말을 맞이하는 것이었다. 물론 필은 누가 봐도 명백한 한두 가지 문제를 간과했다.

- 셋이 아니라 우리는 둘밖에 없었다.
- 열네 살인 우리는 운전할 수 없었다.
- 3인분으로 25파운드를 청구하는 식당이라야 우리 계획을 실행할 수 있다.
- 그런 식당을 찾아내더라도 사라진 1파운드를 만들려면 25파운드(혹은 27파운드)를 써야 한다.
- 정의에 의하면 사라졌기 때문에, 사라진 파운드는 실제로 손에 넣을 수 없다.

그런 문제를 제외하면 그것은 실패할 여지가 없는 완벽한 계획이었다. 당시만 해도 나는 이 수수께끼가 60년 이상, 적어도 1930년대까지 거슬러 올라갈 만큼 역사가 길다는 사실을 까마득히 모르고 있었다. 그러는 동안 나는 영국 성인 만화 〈비즈〉에서도 이 수수께끼를 봤다. 아니나 다를까, 최근에는 동영상을 공유하는 소셜 네트워크인 틱톡에서 입소문을 타고 번지는 것도 확인했다.

이 책을 집필하던 시기에 '사라진 파운드 수수께끼'를 구글에서 검색하면 첫 번째 페이지만 해도 2018년 〈런던 메트로〉, 2016년 〈더 선〉, 2020년 〈케임브리지뉴스〉, 2015년 〈데일리 스타〉 기사가 올라와 있었다. 여러분이 이 책을 2025년(그때쯤이면 하늘을 나는 자동차가 나왔을까?)에 읽게 된다면 '사라진 파운드 수수께끼'를 2021년, 2022년, 2023년, 2024년에 나온 기사에서 검색하더라도 놀랄 일이 아니다. 물론 위에 언급한 신문이 그때쯤이면 세상에 없을 수도 있겠지만.

오랫동안 나는 친구인 필과 그가 세운 교활한 계획에서 멀어져 있었다. 하지만 훗날 내가 대학 동기에게서 5파운드를 뜯어낸 자초지종을 들었다면 아마 필은 대견스러워했을 것이다.

학생회관에 있던 우리는 보고 싶은 밴드의 공연 티켓이 판매 중이라는 사실을 알게 되었다. 당시 친구는 수중에 현금이 없었던지라 나는 그에게 대신 밤에 술을 사도 된다고 했다. 하지만 밴드 공연을 즐기느라 술집에 오래 있을 수 없었고 각자 두어 잔씩 마셨다.

집으로 돌아오는 길에 (전공이 수학은 아닌!) 그 친구는 자기가 내게 얼마나 주면 되는지 물었다. 나는 한 장에 10파운드 하는 티켓을 두 장 샀다고 설명해줬다. 한편 그는 파인트당 2.5파운드 하는 맥주를 4파인트 샀다. 나는 두 장의 티켓을 샀고 그는 한 장의 티켓값에 해당하는 10파운드를 낸 셈이다. 내가 두 장의 티켓을 샀고 그가 한 장의 티

켓을 샀으니 그는 내게 한 장의 티켓을 빚진 셈이다. 그는 기꺼이 10
파운드 지폐를 내밀었다. (걱정하지 않아도 된다. 이튿날 자초지종을 설명
하고 친구에게 5파운드를 돌려주었으니까.)

사라진 파운드 수수께끼는 내가 명쾌하게 '해설덜만문(해답이 설
정보다 덜 만족스러운 문제)'이라고 이름 붙인 문제의 범주에 들어간다
는 점에서 SNS 수학의 여러모로 완벽한 사례. 훗날 크리스토퍼
놀란 감독의 영화로 멋지게 재탄생한 크리스토퍼 프리스트의 소설
《프레스티지》는 마지막 무대 혹은 '프레스티지'에 얽힌 비밀, 즉 무
대에서 모습을 감추며 사라지는 상대의 속임수를 밝히고자 필사적
으로 경쟁하는 두 마술사에 관한 이야기다. 눈길을 사로잡는 새로
운 마술 묘기가 선보일 때면 상대의 비밀을 미처 알아내지 못한 두
마술사는 극도의 고통 속에 빠져든다. 하지만 사라진 파운드 수수
께끼가 보여주듯, 비밀을 밝혀내더라도 비밀을 모르는 것만큼이나
만족스럽지 않다.

사라진 파운드 수수께끼는 어쩌면 수학의 속임수와 마술의 속임
수가 갈라지는 영역인지도 모른다. 마술의 속임수에서는 비둘기 혹
은 사람이 사라지는 것을 봐도 큰 감흥이 없다. 사라진 존재가 결국
되돌아오는 것을 보게 될 테니까. 1장을 시작하며 소개한 백분율
트릭과 마찬가지로 사라진 파운드 수수께끼에서 '프레스티지'는 처
음 설정의 경이로움에 비해 실망스럽기 짝이 없다. 하지만 그것은

문제가 되지 않는다. 수수께끼를 내고 누군가 그것을 풀려고 끙끙대는 모습을 지켜보는 것만으로도 즐거움이 솟아나기 때문이다.

물론 **사라진 파운드는 없다.** 세 여자는 25파운드의 식사비용으로 모두 27파운드를 냈고 이들이 초과해서 낸 2파운드는 웨이터에게 팁으로 주었다. 그게 전부다. 식사비용 27파운드에 거스름돈 2파운드를 더하면 가까스로 30파운드에 가까워지지만, 그런 계산은 무의미하다. 30파운드를 거론하는 것은 불필요하기 때문이다. 30파운드는 순전히 관심을 딴 데로 돌리려고 처음부터 깔아놓은 밑밥에 불과하다.

좀 실망스럽다고? 마술의 속임수가 늘 그렇듯, 실제 무대 뒤에서 벌어지는 상황을 목격하는 것은 혼자 해답을 찾아내려고 애쓰는 동안 전율을 느끼는 것만큼 두근거리지는 않는다. 이는 인터넷 이전과 이후 시대를 막론하고 세상에 널리 알려진 수학 트릭과 퍼즐의 일반적인 특징이다. 처음 설정이 충분히 흥미롭다면 해답이 얼마나 만족스러운가는 별로 중요하지 않다. 설정 때문에 이미 바이럴됐을 테니까.

나는 우리 수학 선생님이던 헨더슨 씨가 수업 도중 말함으로써 사라진 파운드 문제가 친구 사이에 처음으로 퍼졌다고 생각한다. 선생님은 약간 재수 없던 우리를 약 올리거나 좌절감을 안기는 데에서 크나큰 즐거움을 느끼셨고, 그런 모습은 내 교직 생활에 훌륭한 본보기가 됐다. 독자들은 다음 문제를 대개 학창 시절에 알게 될 테지만 나는 교사 연수를 받을 때까지도 접한 적이 없었다. 이제부터는 펜과 종이가 필요하다.

#7
회문수(앞부터 읽든 뒤부터 읽든 같은 수)가 아닌 임의의 세 자릿수를 선택한다.
수를 거꾸로 뒤집어 또 다른 세 자릿수를 만든 다음 큰 수에서 작은 수를 뺀다.
이렇게 얻은 수를 A라 하고 이 수를 거꾸로 뒤집어 또다시 세 자릿수를 만든다(주의 사항: A가 99처럼 두 자릿수면 이를 099로 간주해 그것을 거꾸로 뒤집으면 990이 나온다).
끝으로 A에 이 수를 더하면 정답을 얻는다.
여러분이 얻은 정답의 제곱근을 구해서 88에서 뺀 다음 지금 읽고 있는 이 책이 몇 페이지인지 살펴본다.
제곱근 구하는 법을 모른다면 여러분이 얻은 정답을 33으로 나눈 다음 88에서 뺀다.

잘했다! 여러분은 정확히 1089 트릭을 성공적으로 완수했다! 놀랍게도, 정확히 단계를 밟아나간다면 어떤 수에서 시작하든 **1089**를 얻게 될 것이다.

이것은 수학을 통틀어 가장 유명한 트릭(수학 마술이라고 해야 하나?) 가운데 하나로 알려져 있으며, 데이비드 애치슨이 쓴 멋진 책 《1089 및 그 밖의 여러 가지(1089 and All That)》[국내에서는 《수학 세상 가볍게 읽기》라는 제목으로 출간됐다]의 제목에도 등장할 만큼 영감을 주었다. 애치슨은 열 살이던 1956년 잡지에 이 문제를 처음으로 발표했다. 그로부터 50년이 지나 수습 교사 시절 이 문제를 접한 나도 그 못지않게 탄복했다. 물론 교사가 되고자 연수를 받고 있었기에 다음 과제는 왜 이렇게 풀리는지 증명하는 것이었다.

첫 번째 단계는 일반적인 세 자릿수를 대수적으로 어떻게 표현하는지를 생각하는 것이었다. 직감으로는 abc라고 쓸 수도 있지만, 우리 생각과 달리 대수학에서 이는 $a \times b \times c$를 의미한다. 실제로 필요한 식은 $100a + 10b + c$이고 여기서 a, b, c는 각각 백의 자리, 십의 자리, 일의 자리에 들어갈 자릿수를 나타낸다. 이제 이 수를 거꾸로 뒤집으면 $100c + 10b + a$가 되고 두 수의 차를 구하면 다음과 같다.

$$
\begin{array}{rrrr}
100a & + 10b & + c & \\
-\ 100c & + 10b & + a & \\
\hline
100a - 100c & & + c & - a
\end{array}
$$

이렇게 표현한 식을 재배열해 간단히 하면 $99a - 99c$가 되며 이는 $99(a - c)$로 정리하는 것이 좋다. $a - c$는 여러분이 처음에 생각한 수의 처음 자릿수와 마지막 자릿수의 차라는 점을 주목하라. 이 값은 적어도 1 이상(처음에 회문수를 선택하지 말라고 했기 때문에) 9 이하(한 자릿수끼리 뺀 차의 최대치)일 것이다. 따라서 99(a − c)는 99의 아홉 개 배수[1부터 9까지]를 뜻한다. 다음은 트릭의 앞부분을 계산해서 얻을 수 있는 값이다.

$1 \times 99 = 099$

$2 \times 99 = 198$

$3 \times 99 = 297$

$4 \times 99 = 396$

더 써나가기 전에 혹시 99의 배수에서 주목한 것이 있는가?

$5 \times 99 = 495$

$6 \times 99 = 594$

$7 \times 99 = 693$

$8 \times 99 = 792$

$9 \times 99 = 891$

99를 반복해서 더하면 백의 자릿수는 1씩 커지고 일의 자리는 1씩 작아지는 결과를 얻는다. 이는 99의 배수표를 위에서 아래로 읽을 때 왼쪽 줄은 1씩 더해나가고 오른쪽 줄은 1씩 **빼나가야** 한다는 걸 의미한다. 그뿐만이 아니다. 첫 번째 자릿수와 마지막 자릿수를 더하면 언제나 9가 된다. 이들 수를 거꾸로 뒤집어 더하면 다음과 같다.

```
    0  9  9        2  9  7        6  9  3
+   9  9  0     +  7  9  2     +  3  9  6
───────────     ───────────     ───────────
```

일의 자리와 백의 자리는 항상 9가 된다. 십의 자리에는 항상 9가 두 번 등장한다. 결국 두 수의 합은 항상 백의 자리에 9, 십의 자리에 18, 일의 자리에 9가 될 것이다. 즉, 1089가 된다.

나는 TV 프로그램을 포함하여 여러 해 동안 다양한 곳에서 1089 트릭을 접했지만, 솔직히 싫증을 내본 적이 한 번도 없다. 새뮤얼 존슨[영국의 시인 겸 평론가]식으로 말하자면, '1089 트릭에 싫증을 내는 사람이 있다면 그는 곧 삶에 싫증이 난 사람이다.'[새뮤얼 존슨은 "런던에 싫증을 내는 사람이 있다면, 그는 곧 삶에 싫증이 난 사람이다"라고 말했다] 여느 마술 트릭과 마찬가지로 1089 트릭 역시 더 많은 재미를 주고자 다양한 모습으로 옷을 바꿔 입을 수 있지만, 그 중심에는 세월이 흘러도 변함없을 가슴 떨리는 긴장감이 있다. 세 자릿수의 덧셈과 뺄셈을 학생에게 가르치면서 수업 도중에 1089 트릭을 잠깐이라도 소개하지 않는 것은 범죄행위와 다름없다고 나는 믿는다.

놀이터에서 떠드는 4가지 난제 (해답은 책의 뒷부분에 실어놓았다)

1. 시계 종소리가 2시 정각을 알리는 데 2초가 걸린다. 3시 정각을 알 리는 데는 얼마나 걸릴까?

2. 사방 벽이 모두 남쪽을 향하고 있는 특이한 집에서 산다고 하자. 어느 날 집을 나서서 곰과 마주쳤다. 곰은 무슨 색깔일까?

3. 당신은 버스 운전사다. 당신은 4명의 승객을 태우고 차고지를 출 발한다. 당신은 에일즈버리로 버스를 몰고 가고 거기서 3명의 승 객이 타고 2명이 내린다. 마지막으로 노샘프턴으로 간 버스에서 2명이 내리고 5명이 탄다. 버스 운전사의 이름은?

4. 암산으로 간단한 덧셈을 해보자. 2의 두 배. 4의 두 배. 8의 두 배. 16의 두 배. 2의 두 배. 4의 두 배. 8의 두 배. 16의 두 배. 2의 두 배. 4의 두 배. 8의 두 배. 16의 두 배. 이제 채소 이름을 크게 외쳐보라!

위의 운동장 난제 가운데 세 번째는 버스나 기차에 타고 내리는 승객을 소재로 한 퍼즐의 원형을 재미있게 풀어놓은 것 같다. 최근 사람들 사이에 화제가 된 다음 문제에서 알 수 있듯, 이런 문제는 변함없는 수학적 매력이 있다.

#8

기차에 승객이 몇 명 있다. 첫 번째 역에서 19명이 내리고 17명이 탔다.

이제 기차에는 63명의 승객이 타고 있다. 처음에 기차에는 몇 사람이 타고 있었을까?

이 같은 영국의 초등학교 문제는 2017년에 인터넷을 통해 활발히 퍼져나가 페이스북 그룹인 '초등학교 시험에 반대하는 학부모 모임'에 댓글이 어마어마하게 달렸고 이후 〈허핑턴 포스트〉를 비롯한 다양한 언론 매체에 보도됐다.

나는 이 책을 집필하면서 '이런 문제로 논쟁하는 사람이 있을까?' 하는 구절은 절대 넣지 않기로 다짐했다. 특히 SNS에 대한 우리의 집단적 경험에 의하면, 사람들은 검은색을 흰색이라고 우기는 억지를 쓰기 때문이다. (아, 그러고 보니 불과 몇 년 전 무엇이든 논쟁을 일삼는 사람에 대한 가설적 실례로 '지구는 평평하다는 논쟁'을 써먹은 기억이 난다. 오늘날 지구가 평평하다고 믿는 사람은 세상에서 세 번째나 네 번째로 터무니없는 음모론자에 불과하다.) 하지만 이 문제에 대해서는 미안하지만, **65**가 아닌 답을 어떻게 내놓을 수 있는지 도무지 이해할 수 없다. 초등학교에서 치르는 시험을 여러분이 어떻게 생각하는지와는 상관없이 이 문제는 19명이 기차에서 내리고 17명이 탔기 때문에 순손실은 2명이라는 사실을 학생이 이해했는지 묻는 문제로 보인다. 기차에는 마지막으로 63명이 남았기 때문에 처음에 기차에 타고 있던 사람은 틀림없이 65명이었을 것이다.

최초의 페이스북 게시물을 스크롤해서 넘기는 동안 나는 상당한 수의 사람들이 이 문제의 정답을 46으로 착각하고 있다는 사실을 알게 됐다. 그들 중 자신의 계산 방식을 보여주려는 사람이 아무도 없었기 때문에 46명이라는 답이 어떻게 나왔는지 이해하는 데는 꽤 오랜 시간이 걸렸다. 그 수를 증명하는 것보다 모르는 사람과 페이스북에서 말싸움하는 것을 훨씬 재미있어 하는 모양이었다.

그래도 이제는 사람들이 오답을 낸 이유를 알아냈다는 생각이 든다. −19와 +17을 결합해 순손실 2를 찾아내지 못하면 마지막 조치는 기차에 46명(63 − 17)이 타고 있다는 것이다. 그렇다면 여러분은 '처음에 기차에는 몇 사람이 타고 있었을까?'라는 물음을 이해할 필요가 있을 것이다. 물론 이때 17명이 기차에 오르기 전 이미 19명이 기차에서 내린 특별한 순간을 참조한다. 나는 여전히 이 문제가 정말 어렵다고 생각하지만, 적어도 지금은 다른 이의 시각으로 세상을 바라본 기분이 든다. 물론 그런 노력은 언제나 중요하다. 지구가 평평하다고 믿는 사람만 아니라면.

어쨌든 애당초 목표로 한 예닐곱 살 아이들이 풀기에는 이 문제가 어렵다는 점은 인정한다. 하지만 어려운 문제라고 해서 문제될 것이 있는가? 그렇다. 이 문제는 2명의 순손실을 알아차리지 못하면 시간이 많이 든다. 그래도 어려운 문제와 씨름해야 앞으로 더 잘하는 방법을 터득할 수 있다. 우리는 이 책의 뒷부분에서 사람들 입을 통해 널리 알려진 더 많은 시험 문제를 탐색하게 될 것이다.

'바이럴리티'의 본질이 지금과는 달랐던 인터넷 이전 시대에는 레

크리에이션 수학이 온갖 기상천외한 방법으로 우리 삶 속에 들어왔다. 성탄절 휴가가 끝나고 처음 맞은 월요일에 학교로 돌아와 우리의 마음을 읽어내려고 애를 쓰면서 코트 주머니에서 구깃구깃한 여섯 장의 카드를 꺼내던 친구 녀석이 생각난다.

#9

아무 카드나 집어 들고 거기서 아무 수나 고르되 입 밖에 내지는 마라.

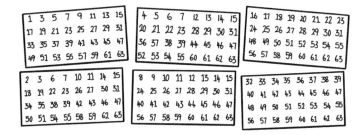

여러분이 생각한 수가 들어 있는 카드는 그대로 두고 그렇지 않은 카드는 버린다.

남겨둔 카드의 맨 윗줄 왼쪽에 있는 모든 수를 더한다.

이것은 대개 '신비한 계산기'로 알려져 있으며 영국에서 크리스마스 크래커[크리스마스 파티에서 주고받는 작은 선물]의 주요 품목이다(플라스틱 빗, 뛰어오르는 개구리, 운세를 봐주는 물고기보다는 만족스러운 기분 전환용 오락거리가 분명하다). 마술을 생중계로 선보일 때 마술사는 물론 맨 윗줄 왼쪽 모퉁이에 있는 수를 더하고 나서 참가자가 생각한 수를 당당하게 외친다.

어린 시절, 이 문제는 나를 좌절감에 빠뜨렸으며 인터넷이 등장하기 전까지는 오랫동안 난감한 문제로 남아 있었다. 내가 이 문제를 해결하도록 아무도 시간이나 마음을 내서 도와주지 않았다. 솔직히 수학 선생님에게 물어보려는 생각도 전혀 없었다. '아는 것이 힘이다: 프랑스는 베이컨이다(Knowledge is power: France is bacon)'와 같은 격언을 입버릇처럼 되뇌는 부모 밑에서 자란 아이에 대해 인터넷에 간혹 떠도는 이야기가 있다. 아이는 격언의 앞 구절에 담긴 심오한 의미는 이해한 듯하다. 하지만 프랑스가 베이컨인 이유는 이해할 수 없었을 테고, 격언을 큰 소리로 암송할 때마다 동의하듯 고개를 점잖게 끄덕이는 사람들 앞에서 이런 것을 물어보는 건 바보 같다고 느꼈을 것이다. 그런 아이가 '아는 것이 힘이다: 프란시스 베이컨(Knowledge is power: Francis Bacon)'이라고 적힌 글귀를 처음 본 것은 오랜 세월이 지나 어른이 됐을 때였다. 인터넷 이전 시대를 살던 사람이라면 모르는 것이 있어도 무작정 기다려야 했던 비슷한 경험이 저마다 있을 것이다.

그럼 신비한 계산기에 숨은 속임수는 뭘까? 우선은 카드에 적힌 수가 무작위가 아니라는 점을 주목할 필요가 있다. 다시 말해, 이들 수는 일정한 패턴을 따르고 있다. 카드 1(윗줄 왼쪽 모퉁이에 1로 시작하는 카드)에 적힌 수는 모두 홀수다. 카드 2에는 무리를 이룬 연속한 두 자연수가 숫자 2개만큼 건너뛰고 적혀 있다. 카드 4에는 무리를 이룬 연속한 네 자연수가 숫자 4개만큼 건너뛰고 적혀 있다….

재능을 타고난 사람이라면 모든 자연수를 2의 거듭제곱(1, 2, 4, 8처럼 2를 곱해서 얻은 수)을 결합해 고유한 방식으로 나타낼 수 있다는 사실을 깨닫게 될 것이다. 예를 들면 다음과 같다.

$$7 = 4 + 2 + 1$$
$$14 = 8 + 4 + 2$$
$$17 = 16 + 1$$
$$31 = 16 + 8 + 4 + 2 + 1$$

7이 카드 4, 카드 2, 카드 1에 모두 적혀 있다는 것을 알 수 있다. 따라서 참가자가 이들 카드를 선택하면 마술사는 맨 윗줄 왼쪽 모퉁이에 있는 수를 모두 더한다. 카드를 다시 한번 살펴보라. 63은 모든 카드에 적혀 있다. 63은 32, 16, 8, 4, 2, 1의 합이기 때문이다 (63, 31, 7처럼 2의 거듭제곱보다 1이 작은 임의의 수는 항상 그보다 작은 모든 2의 거듭제곱을 합해서 나타낼 수 있다).

다음으로 드는 생각은 32개의 수가 적힌 여섯 장의 카드에 필요한 수가 꼭 맞아떨어지는 우연의 일치가 정말이지 놀랍다는 것이다. 나는 오랜 시간이 지나 이 트릭을 누군가에게 설명하고자 세 장의 카드를 이용해 훨씬 간단한 형태로 재구성했다.

카드 1: 1, 3, 5, 7

카드 2: 2, 3, 6, 7

카드 4: 4, 5, 6, 7

2의 거듭제곱 형태로 각각의 수를 써나가면 다음과 같은 결과를 얻는다.

1 = 1

2 = 2

3 = 2 + 1

4 = 4

5 = 4 + 1

6 = 4 + 2

7 = 4 + 2 + 1

1부터 7까지의 자연수를 2의 거듭제곱의 합으로 나타낸 결과를 살펴보면 1, 2, 4가 모두 네 번씩 등장한다. 이처럼 세 장의 카드로 단순하게 만든 트릭 덕분에 각각의 카드 맨 윗줄 왼쪽에 있는 수와 나머지 수들 사이의 관계를 더 쉽게 볼 수 있다.

전형적인 '신비한 계산기' 트릭은 32개의 수가 적힌 여섯 장의 카드로 구성되지만, 16개의 수가 적힌 다섯 장의 카드, 8개의 수가 적힌 네 장의 카드, 4개의 수가 적힌 세 장의 카드(위에서 소개한 단순한 형태)처럼 간단한 형태도 가능하다. 32개의 수가 적힌 여섯 장의 카드는 가장 만족스러운 배열로 보인다. 카드가 너무 복잡하지도, 그렇다고 아주 단순해 보이지도 않기 때문이다.

다음에 소개하는 트릭을 포함해 수학과 마술은 서로에게 훌륭한 협력자다. 독자 중에는 1990년대 데이비드 카퍼필드의 공연에 항상 등장하던 마술을 기억하는 이가 있을 것이다.

#10
1부터 12까지 시계의 문자판에서 하나의 수를 선택한다.

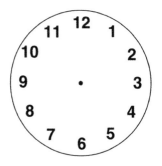

여러분이 선택한 수의 알파벳 철자를 써보고 철자의 수를 세본다.
시계 위 그 수에 손가락을 올려둔다.
다음으로, 지금 손가락을 올려둔 수의 알파벳 철자를 써보고 그 수에다 철자의 개수만큼 더한 수로 손가락을 옮긴다. 가령 손가락을 원래 3에 올려두었다면 3은 5개의 철자(t, h, r, e, e)로 이루어져 있으므로 다음 수는 3 + 5 = 8이 된다.

지금 손가락이 어디에 있든 이 과정을 한 번 더 시행한다. 즉 수의 알파벳 철자를 쓰고 철자의 수만큼 앞으로 나아간다.

이제 여러분의 손가락은 이 책의 앞부분에 목차를 적어둔 페이지에 그려둔 시계의 눈금을 가리키고 있을 것이다.

나는 이런 식으로 된 트릭은 물론 이를 변형한 다양한 형태의 트릭을 언제나 환영한다. 여러분은 트릭이 반복될 때마다 시계 문자판의 수가 몇 가지 수에 집중된다는 사실을 알아차렸을 것이다. 처음에 여러분이 선택할 수 있는 수는 열두 개였지만, 시계 문자판에 있는 수를 알파벳 철자로 써보면 다음과 같이 모두 세 개, 네 개, 다섯 개, 여섯 개의 철자로 이루어져 있다.

	Letters
One	3
Two	3
Three	5
Four	4
Five	4
Six	3

Seven	5
Eight	5
Nine	4
Ten	3
Eleven	6
Twelve	6

이는 참가자가 시계 문자판에서 선택할 수 있는 시작점이 3, 4, 5, 6만 가능하다는 의미다. 트릭이 진행되는 동안 참가자가 찾을 수 있는 가능한 모든 위치를 보여주려면 다음과 같이 표를 만들어도 좋다.

	시작 지점	첫 번째 이동 결과	두 번째 이동 결과
One(+3)	3	3 + 5 = 8	8 + 5 = 1
Two(+3)	3	3 + 5 = 8	8 + 5 = 1
Three(+5)	5	5 + 4 = 9	9 + 4 = 1
Four(+4)	4	4 + 4 = 8	8 + 5 = 1
Five(+4)	4	4 + 4 = 8	8 + 5 = 1
Six(+3)	3	3 + 5 = 8	8 + 5 = 1
Seven(+5)	5	5 + 4 = 9	9 + 4 = 1
Eight(+5)	5	5 + 4 = 9	9 + 4 = 1

Nine(+4)	4	4 + 4 = 8	8 + 5 = 1
Ten(+3)	3	3 + 5 = 8	8 + 5 = 1
Eleven(+6)	6	6 + 3 = 9	9 + 4 = 1
Twelve(+6)	6	6 + 3 = 9	9 + 4 = 1

첫 번째 이동 결과, 참가자가 8이나 9 둘 중 하나에 손가락을 올려두게 되고, 이들 두 수는 모두 다음번 이동 결과 1로 모여든다는 것을 확인할 수 있다(8은 9보다 1이 작지만 eight은 nine보다 철자 수가 하나 더 많기 때문이다).

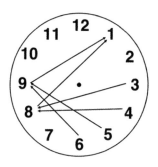

이처럼 하나의 궁극적인 종점으로 모이는 것을 두고 나는 '회색 플레이도우' 현상이라 부른다. 플레이도우를 갖고 노는 아이를 둔 부모라면 누구든지 깨끗한 원색의 점토가 담긴 통을 산 바로 그 순간부터 점토가 계속해서 하나의 커다란 회색 덩어리로 합쳐진다는 사실을 알게 될 것이다. 제각각이던 색은 합쳐지기만 할 뿐 그것을 다시 갈라놓을 수 없다. 치약을 튜브 밖으로 짜내기는 쉬워도 튜브 속으로 다시 집어넣는 것은 불가능하다. 내가 지금 너무 많은 비유를 뒤섞어놓는 건가?

회색 플레이도우 현상이 서로 다른 상황에서 나타나는 모습을 보려면 다음 표를 관찰하기 바란다. 이 표는 0이 적힌 카드와 와일드 카드를 뺀 채 아들 녀석의 우노 카드를 뒤섞은 다음 카드를 격자판 속에 넣어 만든 것이다. 여러분이 할 일은 맨 윗줄에 있는 카드 하나를 집어 들어 거기에 적힌 수만큼 앞으로 이동하되 더 나아갈 수 없을 때까지 이런 과정을 반복하는 것이다. (맨 윗줄의 끝에 이르면 책을 읽듯 다음 줄의 왼쪽부터 시작한다.) 가령 맨 윗줄의 중간 부분에 있는 8에서 시작한다면 두 번째 줄의 9에 이르게 될 것이다. 자, 그럼 더는 나아갈 수 없을 때까지 이런 방법으로 나아가보라.

4	7	5	1	7	9	8	2	2	1	1	8
7	8	9	2	1	1	4	6	6	5	6	7
4	5	3	8	6	9	8	3	1	2	1	6
4	1	9	9	6	7	9	7	4	2	2	3
5	4	8	5	4	6	9	3	3	3	8	5
8	6	9	2	4	5	2	5	3	3	7	7

밑줄 친 7에 이르지 않았는가? 이 카드의 트릭은 이를 고안한 수학자 마틴 크루스칼의 이름을 따서 '크루스칼 카운트'라고 알려져

있다. 수많은 수학 게임, 트릭, 퍼즐과 마찬가지로 이것 역시 〈사이언티픽 아메리칸〉 잡지의 마틴 가드너에 의해 널리 알려졌다. 맨 윗줄 오른쪽에 있는 2와 1을 살펴보라. 이처럼 시작점이 될 수 있는 모든 수는 맨 윗줄 오른쪽 끝의 8에 신속히 도달한다는 사실을 주목하라. 열두 개의 시작점 가운데 다섯 개는 즉시 한데 합쳐진다. 맨 윗줄의 두 번째 7 역시 두 번째 8에 즉각 이른다. 시작점의 절반이 맨 윗줄을 벗어나기도 전에 한데 합쳐진다고 보면 된다. 실제로 두 번째 7 왼쪽에는 1이 있고 가장 왼쪽의 4 역시 두 번째 7에 이르기 때문에 7은 맨 윗줄에 있는 대부분의 수에 관여한다.

사실 맨 윗줄 왼쪽에 있는 7과 5 역시 오른쪽에 있는 2와 1로 뛰어들면서 위의 경로에 발 빠르게 합류한다. 이 모든 과정을 거치면 같은 경로에 합류하지 못하고 맨 윗줄에서 벗어나는 시작점은 2개만 남는다. 이 둘은 맨 윗줄 한가운데에 있는 9와 8이다. 9는 8보다 한 칸 뒤에 있으므로 두 수는 재빨리 힘을 모아 새로운 경로로 들어서고 두 번째 줄의 9로 이동한다. 하지만 세 번째 줄의 밑줄 친 8에 의해 이처럼 독자적인 경로조차 합류한다. 마침내 모든 수는 불가피하게 마지막 줄에 밑줄 친 7에 이른다.

크루스칼 카운트를 마술 트릭으로 보면 각기 장단점이 있다. 어떤 의미에서 이 트릭은 제대로 효과를 거둘지 장담할 수 없는 덴마크-코끼리 트릭 범주에 들어간다. 다양한 시작점이 맨 아랫줄로 이동하는 동안 다양한 경로를 남기도록 수가 배치될 가능성도 있기 때문이다. (72장의 우노 카드 한 벌로 이런 일이 생길 가능성은 거의 없다. 카드 수가 많으면 여러 경로가 한데 합쳐질 가능성이 더욱 크다. 트릭에는 대개 52장이 한 벌인 일반적인 카드를 이용한다. 이 경우 실패할 확률은 높아지지만 그래도 단출하다는 장점이 있다.) 이 트릭은 임의의 카드 한 벌로도 자연스럽게 성공을 거둘 수 있으며 별다른 준비는 필요 없다. 그런 점은 정말이지 놀랍다. 게다가 어떤 참가자가 격자 윗줄 부근에서 실수하거나 잘못 계산해도 회색 플레이도우 현상 때문에 그들이 잘못 찾은 새로운 경로는 가장 일반적인 경로에 합류할 가능성이 충분히 있다.

카퍼필드의 시계 트릭은 참가자가 닫힌 원둘레를 따라 이동하면서 '불가피한' 경로로 합류하도록 과감히 변화를 주었다는 점에서 한층 수준 높은 크루스칼 카운트 트릭이다.

생방송으로 진행하는 쇼에서 이런 트릭을 다양하게 바꿔 선보이고 나면 내가 한 가지 시각(영어가 모국어인 사람)으로만 이런 트릭을 바라본 것이 아닌가 하는 생각이 든다. 공연을 시작하고 얼마 지나지 않아 자신이 선호하는 언어, 가령 스페인어로 철자를 쓰고 싶어 하는 참가자를 만났기 때문이다.

	출발 지점	첫 번째 이동 결과	두 번째 이동 결과	세 번째 이동 결과	네 번째 이동 결과
Uno(+3)	3	3 + 4 = 7	7 + 5 = 12	12 + 4 = 4	4 + 6 = 10

Dos(+3)	3	3 + 4 = 7	7 + 5 = 12	12 + 4 = 4	4 + 6 = 10
Tres(+3)	4	4 + 6 = 10	10 + 4 = 2	2 + 3 = 5	5 + 5 = 10
Cuatro(+6)	6	6 + 4 = 10	10 + 4 = 2	2 + 3 = 5	5 + 5 = 10
Cinco(+5)	5	5 + 5 = 10	10 + 4 = 2	2 + 3 = 5	5 + 5 = 10
Seis(+4)	4	4 + 6 = 10	10 + 4 = 2	2 + 3 = 5	5 + 5 = 10
Siete(+5)	5	5 + 5 = 10	10 + 4 = 2	2 + 3 = 5	5 + 5 = 10
Ocho(+4)	4	4 + 6 = 10	10 + 4 = 2	2 + 3 = 5	5 + 5 = 10
Nueve(+5)	5	5 + 5 = 10	10 + 4 = 2	2 + 3 = 5	5 + 5 = 10
Diez(+4)	4	4 + 6 = 10	10 + 4 = 2	2 + 3 = 5	5 + 5 = 10
Once(+4)	4	4 + 6 = 10	10 + 4 = 2	2 + 3 = 5	5 + 5 = 10
Doce(+4)	4	4 + 6 = 10	10 + 4 = 2	2 + 3 = 5	5 + 5 = 10

스페인어로도 회색 플레이도우 지점에 이를 수 있지만 그러려면 시계 문자판을 거의 두 번 돌아야 한다. 모든 가능한 출발 지점은 한 번의 이동으로 7과 10에 집결하지만 화살표 흐름이 모두 10에 안착하려면 시계 문자판을 또다시 한 바퀴 돌아야 한다.

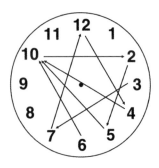

이번에는 프랑스어로 시도해보자.

	출발 지점	첫 번째 이동 결과	두 번째 이동 결과	세 번째 이동 결과	네 번째 이동 결과
Un(+3)	2	**2 + 4 = 6**	**6 + 3 = 9**	**9 + 4 = 1**	**1 + 2 = 3**
Deux(+4)	4	4 + 6 = 10	10 + 3 = 1	1 + 2 = 3	3 + 5 = 8
Trois(+5)	5	**5 + 4 = 9**	**9 + 4 = 1**	**1 + 2 = 3**	3 + 5 = 8
Quatre(+6)	6	6 + 3 = 9	9 + 4 = 1	1 + 2 = 3	3 + 5 = 8
Cinq(+4)	4	4 + 6 = 10	10 + 3 = 1	1 + 2 = 3	3 + 5 = 8
Six(+3)	3	3 + 5 = 8	8 + 4 = 12	12 + 5 = 5	5 + 4 = 9
Sept(+4)	4	4 + 6 = 10	10 + 3 = 1	1 + 2 = 3	3 + 5 = 8
Huit(+4)	4	4 + 6 = 10	10 + 3 = 1	1 + 2 = 3	3 + 5 = 8

Neuf(+4)	4	4 + 6 = 10	10 + 3 = 1	1 + 2 = 3	3 + 5 = 8
Dix(+3)	3	3 + 5 = 8	8 + 4 = 12	12 + 5 = 5	5 + 4 = 9
Onze(+4)	4	4 + 6 = 10	10 + 3 = 1	1 + 2 = 3	3 + 5 = 8
Douze(+5)	5	5 + 4 = 9	9 + 4 = 1	1 + 2 = 3	3 + 5 = 8

두 번째 이동 결과 서로 다른 세 가지 '흐름'을 얻은 것처럼 보인다. 즉, 모든 수는 1이나 9나 12에 안착했다. 그럼 우리는 이런 식으로 계속해나가면 이들 흐름이 점차 한데 모이다가 영어와 스페인어에서 살펴본 것처럼 마침내 하나의 흐름으로 합쳐지리라고 기대하게 될 것이다. 그런데 아뿔싸! 그런 일은 절대 벌어지지 않는다. 굵은 글씨체로 쓴 식을 살펴보라. 여러분과 친구가 동시에 게임을 하고 있다고 해보자. 이때 여러분은 'un'을 생각하고 친구는 'quatre'를 생각한다. 'un'은 두 개의 철자로 이루어져 있으므로 여러분은 '2'에 손가락을 올린다. 그런데 2는 'deux'이고 네 개의 철자로 이루어져 있으므로 4만큼 전진하여 '6'에 이른다. 한편 여러분의 친구는 'quatre'를 생각하고 있었고 'quatre'는 여섯 개의 철자로 이루어져 있으므로 '6'에 손가락을 올려두고 출발했다. 친구의 출발 지점에 여러분은 한 번 더 이동해야 도착한다. 결국, 여러분은 공연히 시계 문자판을 도는 추격전을 끊임없이 펼치면서 친구 뒤만 따라다니게

될 것이다. 트릭은 프랑스어는 먹히지 않는다!

트릭은 독일어에서는 간신히 효력을 거둔다. 7에서만 시작하지 않으면 모든 출발 지점의 수가 결국에는 1→5→9(eins→funf→neun)의 고리로 만족스럽게 마무리된다. 하지만 7에서 시작하면 2→6→11(zwei→sechs→elf)의 고리로 끝이 난다. 항상 운이 좋은 것은 아니다. 터키어는 몇몇 수의 매우 짧은 이름 때문에 곧바로 충돌한다. 2(iki)에서 출발하면 3(üc)에 이른다. 이들 두 수가 결합해 5에 이르지만 5 역시 가능한 출발 지점이므로 앞의 프랑스어에서와 마찬가지로 서로 어긋난 두 개의 사슬을 얻게 될 것이다. 베트남어와 타갈로그어[영어와 더불어 필리핀에서 사용되는 공용어] 역시 비슷한 이유로 트릭이 먹히지 않는다. 타갈로그어로 12는 labingdalawa로 문자 그대로 '열둘', 즉 열두 개의 철자로 이루어져 있다는 점이 또 다른 걸림돌로 작용한다. 12에서 시작한 사람은 제자리를 맴돌 수밖에 없다.

도전해보자!

그 밖의 언어를 구사하는 독자가 트릭을 시도해보고 성공 여부를 알려준다면 정말 고맙겠다. 언어는 라틴어 알파벳(A-Z)을 사용하거나 적어도 라틴어 알파벳을 사용하는 표음문자일 필요가 있다.

얼핏 보기에 지원자에게 '자유로운' 선택권을 주고 그들이 아주 놀라운 결과를 끌어내도록 하려는 계획은 '비겁한 거짓말' 혹은 이

따금 '마술사의 선택'이라고 불린다. 우리는 이를 1장의 구구단 9단 트릭과 이번 장의 1089 트릭을 통해 살펴본 바 있다. 마술 수학이든 평범한 옛날 마술이든 이런 방식에는 시대를 초월한 매력이 있다. 즉, 자신이 트릭에 걸려들었다는 것을 알고 있을 때조차 그런 식으로 끌려온 것에 대단히 만족스러워한다.

3장

다시 학교로

화제가 된 시험 문제와 교실 속 난제

　오래전 학교 운동장에서 뛰놀던 시절을 기억하는가? 그 시절 우리는 깔깔거리며 잘도 웃었다. 그러다 5년쯤 지나면서부터는 학교에서 배운 내용을 얼마나 기억하는지 확인하는 시험을 끊임없이 치러나갔다.

　학창 시절 나는 시험에서 아슬아슬한 마조히즘적 즐거움을 맛보았다. 하지만 실제 시험을 치를 때보다는 극적인 상황을 연출해가며 시험을 준비하는 과정이 더 즐거웠다. 나는 영화 〈록키〉의 훈련 장면에서 흘러나오던 음악이 마음속에서 울려 퍼지는 동안 손에 넣을 수 있는 기출문제란 문제는 빠짐없이 풀어보면서 마치 인생을 바꿀 결전의 시간을 준비하는 프로 권투 선수처럼 실력을 갈고닦았다. 결전의 날(유감스럽게도 내게는 시험 날)이면 나는 알람을 세 차례

맞춰두고(하지만 이상하게도 뇌는 알람이 울리기 20분 전에 나를 깨웠다) 아침을 든든하게 챙겨 먹은 다음 시험장으로 향했다. 안으로 들어가 시험지를 받기도 전에 나는 이미 그 자리에서 가상의 시험지를 앞에 두고 시험을 치렀다. 하지만 무엇보다 중요한 사실은, 시험을 치르기 전까지 절대 아무에게도 말을 하지 '않았다는' 점이다. 못 본 체하고 지나쳤던 사소한 시험 정보를 뒤늦게 알게 되는 것이 두려웠던 것이다. 시험을 치른 직후에도 상황은 마찬가지였다. '이온결합이란 무엇인가? 프란츠 페르디난트[오스트리아의 대공, 이 암살 사건이 제1차 세계대전을 촉발했다]를 암살한 사람은 누구인가? 3수법(비례산)이란 무엇인가?' 하는 식으로 시험 종료 후 벌어지는 답 맞추기를 피하려고 시험이 끝나자마자 도망치듯 시험장을 빠져나왔다.

유감스럽게도, SNS의 시대에는 시험을 마친 뒤 삼삼오오 모여 문제에 대해 이러쿵저러쿵 떠드는 걸 도저히 피할 수가 없다.

수학 시험지에서 다시는 사탕 문제를 안 봤으면 좋겠다! #에덱셀[영국의 최대 학위 수여 기관]수학

학교에서 5년 동안 수학을 공부하고 나서 기억에 남은 것이라곤 한나의 빌어먹을 사탕밖에는 없다. #에덱셀수학

한나가 사탕을 몇 개 먹는다. 트레이싱페이퍼와 녹슨 숟가락을 이용

하여 목성의 둘레를 계산하라(5점) #에덱셀수학

 눈치가 있는 사람이라면 위 댓글이 최근 유명한 시험 문제에 대한 댓글임을 알아차렸을지도 모르겠다.

 #11
 주머니에 n개의 사탕이 들어 있다.
 사탕 중에 6개는 주황색이다.
 나머지 사탕은 노란색이다.

 한나는 주머니에서 임의로 사탕을 하나 꺼내 먹는다.
 한나는 주머니에서 사탕을 또 하나 꺼내 먹는다.
 한나가 주황색 사탕을 2개 먹을 확률은 $\frac{1}{3}$이다.

 $n^2 - n - 90 = 0$을 증명하라.

출처 : 피어슨/에덱셀

 2015년 에덱셀 위원회에서 16세 학생용으로 만든 이 문제는 한나의 사탕으로 알려져 있으며 영국의 시험 역사상 최고 유명세를 떨친 중등교육자격시험 문제일 것이다. 우선 나는 이 문제에 얽힌 흥미로운 쟁점에 앞서 정답이 뭔지 슬쩍 훑어볼 생각이다. 사탕을 소재로 한, 이처럼 특이한 난제가 온라인상에서 최악의 시험 문제로 평가받고, 수많은 뉴스 기사는 물론 등급 기준을 낮춰달라는 학생의 청원까지 촉발하면서 사회적으로 엄청난 반향을 일으킨 경위와 이유를 따져 묻는 것은 그다음 일이다.

시작하기 전에 속성으로라도 확률의 기본적인 내용을 살펴보고자 한다. 확률 혹은 어떤 사건이 일어날 가능성은 0과 1 사이의 값으로 표현된다. 0은 절대로 일어날 수 없는 확률을 뜻하고, 1은 반드시 일어날 확률을 뜻한다. 확률은 종종 분수로 나타내는 것이 유용하다. 가령 하나의 주사위를 던져 2가 나올 확률은 가능성이 같은 6가지 결과 중에 우리가 '원하는' 1가지 결과이므로 $\frac{1}{6}$이다.

한 가지 더: 하나의 사건과 또 다른 사건이 동시에 일어날 확률을 구하려면 각각의 확률을 곱하면 된다(이 경우 두 사건이 서로 독립적이어야 한다. 다시 말해, 두 사건이 서로 영향을 주지 않아야 한다). 이제 동전과 주사위를 각각 1개씩 던진다고 해보자. 이때 주사위는 2의 눈이 나오고 동전은 앞면이 나올 확률을 구하고 싶다. 각각의 확률은 $\frac{1}{6}$과 $\frac{1}{2}$이므로 마지막으로 이 둘을 곱하면 $\frac{1}{12}$을 얻는다. 가능한 결과(12가지)를 모두 나열하면 계산 결과가 옳은지 확인할 수 있다. 그중에 한 가지만 우리가 원하는 결과다.

1, 앞면	**2, 앞면**	3, 앞면	4, 앞면	5, 앞면	6, 앞면
1, 뒷면	2, 뒷면	3, 뒷면	4, 뒷면	5, 뒷면	6, 뒷면

이제 한나의 사탕 문제로 돌아가 보자. 사탕이 들어 있는 커다란 주머니가 있다. 주황색 사탕이 여섯 개고 나머지는 노란색 사탕이다. 주머니에는 주황색과 노란색을 모두 합쳐, n개의 사탕이 들어 있다. 여기서 n은 6보다 크다. 한나가 처음에 주황색 사탕을 집어 들 확률은 $\frac{6}{n}$이다. 한나는 집어 든 사탕을 먹는다. 이는 얼핏 문제와는 아무 상관 없는 이야기로 들리겠지만 사실은 다음번에 주머니에서 사탕을 집어 들 때 주황색 사탕이 1개 줄고 전체적인 사탕 수도 1개 줄어 있다는 것을 의미한다.

결국 한나가 다음번에 집어 든 사탕이 주황색일 확률은 $\frac{5}{n-1}$이다. 이 둘을 결합한 확률, 즉 한나가 2개의 주황색 사탕을 먹을 확률을 구하려면 두 확률을 곱할 필요가 있다. 따라서 이 문제는 두 확률을 곱한 확률이 $\frac{1}{3}$이라는 것이다.

$$\frac{6}{n} \times \frac{5}{n-1} = \frac{1}{3}$$

좌변은 하나의 분수로 합쳐 다음과 같이 나타낼 수 있다.

$$\frac{30}{n(n-1)} = \frac{1}{3}$$

양변에 3n(n − 1)을 곱하면 다음과 같은 식을 얻는다.

$$90 = n(n - 1)$$

$$90 = n^2 - n$$

$$0 = n^2 - n - 90$$

식을 전개하고 이항하면 $n^2 - n - 90 = 0$에 이른다. 마지막 몇 줄의 대수는 최근 몇 년 동안 정규적인 수학을 접하지 않은 사람이라면 낯설게 느껴질 수도 있겠지만, 어찌 됐든 중학교 수학 수준을 넘어서지는 않는다. 중학교를 졸업한 열여섯 살이라면 대개 이런 연산을 어김없이 풀어낼 것이다. 그럼 무엇이 그렇게 문제인 걸까?

이 문제에는 시험 문제로서 오명을 남길 만한 요인이 다분히 많다. 우선, 일반적인 관점에서 서로 관련이 없는 수학의 두 영역이 합쳐져 있다. 확률과 대수 모두는 말할 것도 없고 둘 중 하나를 다루는 능력조차 별로인 학생이나 학부모라면 당황할 수도 있다. 슈퍼마켓에서 지리 선생님을 만나는 상황과 다소 비슷하다고 해야 할까? 지리 선생님이 거기에 있으면 안 될 이유는 없지만, 그런 장소에서 선생님을 만나면 왠지 불안하거나 잠시(혹은 계속) 당황할 수도 있기 때문이다.

또 이 문제는 소곤거리며 이야기하다가 어느 순간 느닷없이 고함을 지르는 것과 같은 양상을 띤다. 처음부터 끝까지 대수에 대한 언급은 전혀 없다가 어느 순간 '빵!' 하고 터진다. 우리는 문제의 끝부분에서 90이나 되는 큰 수가 끼어 있는 이차방정식을 만났다. 설령 어디서부터 시작해야 할지 막막하더라도 계획된 결론에 따라 이 식에서는 아무런 단서도 제공하지 않는다.

마지막으로, 가장 중요한 점은 이 문제가 SNS(그중에서도 특히 트위터)의 시대에 출제되었다는 사실이다. 더 재치 있는 밈이나 짤이

들어간 문제에 반응하는 것 자체가 경쟁적인 오락이 됐다. 20년 전만 해도 더 재미있는 화젯거리로 옮겨가기 전까지 이런 문제를 두고 학생들이 며칠 동안 수다를 떨었을지도 모른다. 그중 몇몇은 타지에 사는 친구나 친척에게 전화를 걸어 "한나의 사탕 문제가 무슨 얘기야?"라고 물었을 수도 있지만, 그것으로 끝이었을 것이다. 하지만 우리는 더 이상 그런 세상에서 살지 않는다.

일반적인 SNS가 그러하듯, '한나의 사탕 문제는 재미있었어. 그런데 난 맞힌 것 같은데' 하는 식으로 온건한 입장을 표현하면 앞으로 다시는 달콤한 '좋아요'와 '리트윗'을 받지 못할 것이다. 치열한 태도만 살아남을 수 있다. 수학 시험지에다 여러분의 정치적 견해를 표현하든 문제에 대해 이러쿵저러쿵 의견을 늘어놓든 그것이 SNS의 생리이기 때문이다.

물론 인터넷이 오늘날처럼 널리 이용되기 전에 비슷한 시험 문제를 봤을 때의 반응과 현재의 반응을 비교하고 대조해볼 수 있었다면 더할 나위 없이 좋았을 것이다. 잠깐, 다음 문제를 살펴보자.

주머니에 n개의 구슬이 들어 있다.
그중 6개는 검은색이고 나머지는 흰색이다.
헤더가 주머니에서 임의로 1개의 구슬을 꺼낸 다음 다시 주머니에 넣지 않는다.
헤더가 주머니에서 임의로 2번째 구슬을 꺼낸다.

헤더가 꺼낸 2개의 흰 구슬을 꺼낼 확률은 $\frac{1}{2}$이다.

$n^2 - 25n + 84 = 0$임을 보여라.

출처: 피어슨/에덱셀

한나의 사탕 문제와 거의 유사한 이 문제(정답은 책의 뒷부분에 수록)는 2002년 에덱셀 위원회에서 주관한 중등교육자격시험에서 발췌한 것이다. 인터넷 보급 초창기였던 당시만 해도 시험 문제가 온라인상에 오르내리는 일은 없었다. 이 문제는 시험장을 떠나는 학생들 사이에서는 열띤 공방을 불렀을 테지만 그것으로 끝이었을 것이다. 헤더의 구슬 문제를 들어본 적 있다는 사람이 없는 것도 이 때문이다. 하지만 수학 교사 앞에서 한나의 사탕 문제를 얘기하는 것은 기타 가게에 들어가 '천국으로 가는 계단'[영국 록 밴드 레드 제플린의 네 번째 앨범에 수록된 곡으로 1970년대 록의 최고 작품으로 꼽히는 명곡]의 도입부를 연주하는 것과도 같다.

도전해보자!

한나의 사탕 문제와 거의 흡사한 형태의 문제를 소개하니 여러분도 도전해보기를 바란다. 이처럼 각색된 형태는 국제교사상 후보에 오른 제이미 프로스트 박사가 개설한 '프로스트 박사의 수학'이란 웹사이트에서 발췌한 것이다.

네하는 n개의 사탕을 갖고 있다. 그중 3개는 초록색이고 나머지는 빨간색이다.

네하는 사탕을 하나 먹고 나서 다시 사탕 하나를 먹는다.

네하가 2개의 초록색 사탕을 먹을 확률은 $\frac{1}{7}$이다.

$n^2 + an + b = 0$임을 보여라. 여기서 a, b는 찾아야 할 상수다.

이 방정식을 풀어 주머니에 몇 개의 사탕이 들어 있었는지 알아보라.

에덱셀은 이처럼 악명 높은 문제에 대해서는 말을 아낀다. 그래도 나는 의견을 달리하는 [에덱셀의] 비밀요원 하나를 설득해 SNS 시대에 일반적인 평가기관이나 각종 시험에 한나의 사탕 문제가 미치는 영향력을 논의해볼 수 있었다. 익명성을 보장하고자 이제부터 그를 Z요원이라 부르겠다. 이런 시험 문제를 내서 등급을 낮춰야겠다는 진지한 논의를 해본 적이 있었을까? 물론 대중의 압력이 영향을 미쳤을 수 있다.

"한 번도 없었죠." 우리가 만난 공원 벤치에서 좌우를 힐끗거리며 Z요원이 말했다.

"학생들에게 질문한 내용이 명확하고 공정한지, 체점 기준을 확인하는 데는 불과 몇 분밖에 걸리지 않았어요. 한나의 사탕 문제는 그런 테스트를 통과했죠.

SNS에서 전에는 한 번도 없던 일이라 이런 소동은 놀라웠죠. 하지만 시험 문제가 온라인상에서 화젯거리가 될 수도 있다는 사실을 깨닫고 보니 확실히 이 문제는 필요한 요소를 모두 갖추고 있었어요. 결정적으로, 학생들이 기억할 수 있는 전후 맥락, 논리에 맞춰 끝까지 따라갈 수 없을 것만 같은 일련의 단계가 이 문제에는 있었습니다. 학생들은 이 모든 경험을 공유했죠.

중등교육자격시험에서 수학 시험지가 수학적 능력보다 기억력을 테스트하는 기출 문제를 그대로 재탕하는 식의, 지나치게 판에 박힌 모습이라는 비판은 당시에도 있었고 오늘날에도 있을 수 있어요. 교사는 시험에서 10% 정도는 예상치 못한 문제, 말하자면 한번도 본 적이 없는 종류의 문제가 나온다는 점을 학생들에게 주지시켜야 한다고 봅니다."

하지만 설령 불가피하다 해도 이런 지적은 우스운 결과를 낳고말았다. Z요원은 이렇게 털어놓았다.

"일부 교사들은 이처럼 예상치 못한 문제 목록을 제공해준다면 학생들이 그것에 익숙해질 수 있지 않겠느냐고 물어왔어요. 문제의 본질을 이해하지 못한 것 같다는 생각이 듭니다."

Z요원은 한나의 사탕 문제가 남긴 여파를 어떻게 생각할까?

"피어슨/에덱셀은 이 문제로 효과를 봤다고 생각해요. 이 문제가 공개적으로 방송을 탈 때마다 대개 에덱셀이 거론되기 때문에 그것은 에덱셀의 상징이 되다시피 했죠. 교사들은 학생이 어느 시점이면 통과의례처럼 그것을 이해한다고 하더군요. 학생들이 계속 그래줬으면 좋겠어요."

수학 시험을 치를 때마다 트위터에서 학생들이 필사적으로 가장 재미있는 댓글이나 밈을 만들어내느라 한바탕 소동을 벌이는 걸 보면, 하나의 사탕 문제가 온라인상에서 거둔 성공은 예상치 못한 부작용을 낳았다는 걸 알 수 있다. 결국, 자신도 모르는 사이에 제2의 '하나의 사탕 문제'나 '악어와 얼룩말 문제'를 만들어 소동을 일으키지 않으려면 출제 위원회는 시험 문제 출제에 각별한 주의를 기울여야 할 것으로 보인다.

#12 악어와 얼룩말

악어가 맞은편 강둑에서 상류 쪽으로 20m 앞에 있는 먹잇감을 향해 살그머니 접근하고 있다.

악어는 육지와 물속에서 움직이는 속도가 다르다.

그림에서 보듯 맞은편 강둑에서 상류 쪽으로 xm 앞에 있는 특정한 지점 P까지 헤엄쳐간다면 악어는 먹잇감에 이르는 데 걸리는 시간을 최소로 줄일 수 있다.

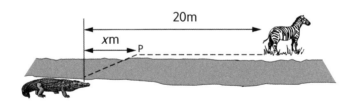

10분의 1초 단위로 측정된 시간 T는

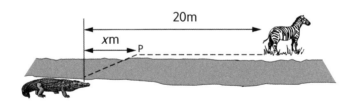

$$T(x) = 5\sqrt{36 + x^2} + 4(20 - x)$$

를 만족한다.

(a) (i) 악어가 육지로는 이동하지 않을 때 걸리는 시간을 계산해보라.

　 (ii) 악어가 최단거리로 헤엄을 칠 때 걸리는 시간을 계산해보라.

(b) 이들 두 가지 극값 사이에는 소요 시간을 최소가 되게 하는 x 가 존 재한다. 이런 x값을 구하고 최소의 소요 시간을 계산하라.

　이 문제는 2015년 여름 한나의 사탕 문제와 똑같은 기간에 스코틀랜드 자격시험국 평가 위원회에서 출제한 것으로 한나의 사탕 문제와 비슷한 반향을 일으켰다. 이 문제에 관한 기사는 한때 BBC 웹사이트에서 가장 높은 조회수를 기록했다.

　여기서는 해법 중에 '쉬운' 부분을 다루고 자세한 풀이는 책의 뒷부분에 남겨둔다. 그림(이 부분도 주의 깊게 봐야 한다)에 따르면, 악어가 육지로는 전혀 이동하지 않는다면, 즉 대각선으로 얼룩말에게 곧바로 헤엄쳐간다면 x값은 20이다. x는 악어가 기어가야 할 수평거리가 아니라 헤엄쳐가야 할 강둑의 한 지점을 나타내기 때문이다. 반대로 수영거리가 최소가 되도록 악어가 한쪽에서 다른 한쪽으로 수직으로 헤엄쳐간다면 값은 0이다. 따라서 (i)과 (ii)는 x를 20과 0으로 바꿔서 풀면 각각 104.40과 110을 답으로 얻는다. 하지만 항상 문제를 주의 깊게 읽어야 한다! T는 실제로 10분의 1초로 측정되므로 악어가 얼룩말에 이르는 데 걸리는 시간은 각각 **10.4**초와 **11**초가 된다(유효숫자가 세 개가 되도록 반올림했다).

이 문제는 '최적화'를 다룬 훌륭한 문제에 속한다. 악어는 헤엄을 치거나 기어가는 비율을 최적화함으로써 되도록 빨리 얼룩말에 이르려고 한다. 지금으로서는 처음부터 끝까지 헤엄쳐가는 것보다는 강을 가로질러 헤엄친 다음 강둑을 따라 기어가는 것이 조금이나마 낫다. 거리는 더 길지 모르지만, 악어는 헤엄치는 것보다 기어가는 쪽이 더 빠르기에 얼룩말에 더 빨리 이를 수 있다. 하지만 그 두 지점 사이에 악어를 더 빨리 목표물에 이르게 하는 '골디락스 존'이 존재할 수도 있다(대수와 미적분을 고민할 시간에 악어가 더 빨리 헤엄치면 된다는 생각은 접어두길 바란다).

이처럼 특별한 문제를 푸는 데 필요한 다소 성가신 미적분은 책의 뒷부분에 수록해놓았다. 이와 비슷하면서도 다소 전형적인 최적화 문제를 여기 소개해두고자 한다. 시행착오를 통한 풀이가 쉬운 이 문제는 두 가지 형태로 나타낼 수 있다.

#13

(ⅰ) 농부는 36m의 울타리를 이용해 직사각형의 양 우리를 만들 생각이다. 양에게 최대의 넓이를 제공하는 우리의 넓이는 얼마인가?

(ⅱ) 그런데 바로 이때 길다란 헛간이 농부의 눈에 들어온다. 헛간을 이

용하면 사실상 벽은 3면만 필요하다. 이 경우 농부가 만들 수 있는 우리의 최대 넓이는 얼마인가?

다음 그림은 아이디어 차원에서 제공할 뿐 최적의 예시는 아니다.

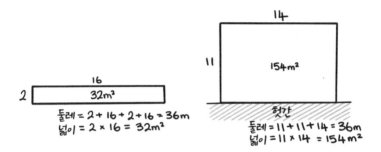

많은 사람이 첫 번째 상황에서 최적의 우리는 9 × 9의 정사각형으로 넓이가 81㎡라는 것을 금세 알 수 있다. 그런데 두 번째 경우는 이보다 재미있다. 이번에도 헛간을 한 면으로 하는 정사각형 울타리가 직감적으로 떠올랐는가? 나는 그랬다. 이런 방식대로라면 12m짜리 벽으로 3면을 둘러 12 × 12의 정사각형을 만들 수 있고, 이때 넓이는 144㎡가 된다. 이것이 최적의 해법이 아님을 보이고자 두 번째 예시를 들어보겠다. 가령 11 × 14 직사각형의 넓이는 실제로 이보다 넓은 154㎡다.

한쪽 벽을 이용해 직사각형 우리를 만드는, 실질적으로 가장 좋은 방법은 가로를 세로의 두 배로 잡아 세 변이 9m, 9m, 18m이고 넓이가 9 × 18 = 162㎡가 되게 하는 것이다.

아래의 간략한 표는 치수가 비슷한 몇몇 우리와 비교해 이것이 최적의 방법임을 보여준다.

가로와 세로 길이(m)	넓이(㎡)
12 × 12	144
11 × 24	154
10 × 16	160
9 × 18	162
8 × 20	160
7 × 22	154

위의 표에서 대칭성은 우연의 일치가 아니다. 이에 대해서는 책의 뒷부분에서 잠시 다룰 예정이다. 시행착오를 통한 접근법이 가장 좋은 방법은 아니지만, 더 나은 도구가 없다면 악어와 얼룩말 상황도 이와 비슷하게 살펴볼 수 있을 것이다. 악어의 횡단 시간을 찾는 공식은 다음과 같다.

$$T(x) = 5\sqrt{36 + x^2} + 4(20 - x)$$

위의 공식에 몇 가지 값을 대입해보면 우리가 얻게 될 횡단 시간을 알 수 있다(계산하고 나서 10으로 나누는 것을 잊지 마라).

x (m)	시간(초)
0	11
5	9.91
10	9.83
15	10.1
20	10.4

이른바 '골디락스 존'은 x가 대략 5m와 10m 사이에 있을 때다. 그 구역을 확대해서 좀 더 자세히 살펴보면 다음과 같다.

x (m)	시간(초)
5	9.91
6	9.84
7	9.81
8	9.8
9	9.81
10	9.83

x의 최적값은 **8m**인 것처럼 보인다. 시행착오를 통한 조사도 가

능하고 대수적인 접근도 가능하다. 대수적 접근은 책의 뒷부분에서 찾아볼 수 있다. 얼룩말은 지금쯤 도망쳤을지도 모르겠지만.

이 문제가 실린 시험지가 사용되었을 때 실제로 등급 기준이 내려갔지만, 시험관의 보고서만 갖고는 그것이 순전히 악어와 얼룩말 문제 때문인지는 알 수 없다. 시험지에는 벽에서 떨어지는 개구리와 두꺼비에 관한 16세기의 문제도 포함돼 있었으니까.

#14

용 한 마리가 동굴에 살고 있다.

용은 날마다 몸집이 두 배로 커졌다.

20일이 지나자 용의 몸은 동굴을 꽉 채웠다.

용의 몸이 동굴의 절반을 채우는 때는 며칠이 지나서일까?

출처: 열린 정부 라이선스 v3.0에서 이용 허가를 받은 공공부문 정보

이렇게 재미있는 문제는 2011년 영국에서 열한 살 학생들이 치른 학력평가시험에서 발췌한 것이다. 이는 앞으로 여러분이 시험지에서 보게 될 '가차(gotcha)'['I got you'의 줄임말로 '딱 걸렸어', '너도 별수 없구나'라는 의미로 풀이되며, 상대의 실수나 잘못을 찾아내 폭로하는 행태] 스타일의 수수께끼에 가깝다. 말하자면, 용의 몸집이 날마다 두 배로 커져서 20일이 지나 동굴을 꽉 채운다면 하루 전날인 **19일** 만에 동굴의 절반을 채우게 될 거라는 답변을 내놓는 것이다. 으레 나오는 일반적인 오답은 10일인데, 이는 용의 성장을 지수적 성장보다 직선적

성장으로 가정한 탓이다. 지수적 성장이 뭔지 잘 모른다면 축하한
다! 그런 사람은 코로나19 대유행 시대에 (용과 함께?) 동굴에서 살
아가고 있거나 지수적 성장을 깡그리 잊을 만큼 세월이 많이 흐른
탓이리라. 반대로 지수적 성장을 알고 있다면 미래는 어떤 모습일
까? 그때에는 호버보드가 존재할까?

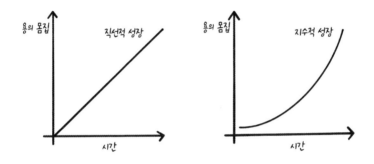

　용은 지구 역사상 그 어떤 생명체와도 다른 급격한 성장세로 몸
집이 커진다. 앞으로 20일이 지나면 용에게는 과연 어떤 일이 벌어
질까? 분명히 더 재미있는 상황이 벌어지지 않겠는가? 이 문제는
중국에서 유래된 아주 유명한 수수께끼에서 수련과 연못을 각각 용
과 동굴로 바꿔 각색한 것이다. 수련이 핀 연못에서 용이 사는 동굴
로 문제를 각색한 이유가 궁금할 수도 있겠다. 수련과 연못보다 용
과 동굴이 열한 살짜리에게 더 친숙하기 때문이 아닐까?
　증가하는 성장률이 영원히 유지되기는 어렵기 때문에 실제 일상
생활에서는 지수적 성장을 찾아보기가 상당히 힘들다. 급속도로 확

산하는 질병은 한동안은 지수적으로 증가할 수 있으나 질병에 대한 예방책이 없더라도 거의 모든 인구가 감염되면(혹은 사망하면) 확산율은 마침내 떨어지게 되어 있다. 의료 기술이 발전해 인간의 수명이 늘어나고 분만 과정이나 유아기에 사망하는 아이가 급격히 줄어들면서 지구의 인구는 최근 몇백 년 사이 기하급수적으로 증가해온 것처럼 보인다. 하지만 과학적 합의에 의하면, 피임이 폭넓게 퍼진 덕분에 가족당 아동 수가 세계적으로 줄어드는 추세여서 지구의 인구는 다음 세기가 지나면 110억 정도에서 안정될 것이다. (세계 인구를 욕조에 담긴 물[이때 꼭지로 들어가는 물은 태어나는 사람을 나타내고 배수구로 빠져나가는 물은 죽은 사람을 나타낸다]로 표현한다면 대부분의 인류사에서 수위는 상당히 안정적으로 유지돼왔다. 하지만 지난 수백 년 동안 들어오는 물의 양은 증가한 데 비해 배수구는 좁아졌다. 대재앙이 아닐 수 없는 것이 욕조의 물이 흘러넘칠 수도 있기 때문이다! 하지만 그런 불상사는 벌어지지 않을 것이다. 세계 대부분 지역에서 피임과 교육 덕분에 과거보다 출산율이 훨씬 낮아지고 있기 때문이다. 최근에 세상을 떠난, 나의 영웅 가운데 한 사람인 한스 로슬링은 인구 증가와 평준화에 깃든 수학을 대중에게 소개하는 데 주도적인 역할을 했다. 여기에 소개한 것보다 훨씬 더 나은 비유를 원한다면 '상자 옆의 상자box by box'라는 제목이 달린 그의 TED 강연을 찾아보길 바란다.)

나는 오랫동안 지수적 성장에 사로잡혀 있었다. 10대 시절 상점에서 판매된 발렌타인 카드에는 "어제보다는 두 배로, 내일의 절반만큼 사랑해요"라고 적혀 있었다. 이것은 누군가에게 끔찍한 약속을 하는 것이다! 여러분이 사랑하는 사람과 오래오래 함께 삶을 누리고 상대가 백 번째 생일에 편안히 눈을 감는다면 바로 그 전날은 여러분이 가진 낭만적 잠재력의 50%만으로 상대를 사랑한 날이 될 것이다. 그보다 하루 전날은 25%로… 1년 전인 99세 생일에는 잠재력의 0.0000(이 사이에 0이 100개는 있다)0000133%만큼 상대를 사랑한 날이 될 것이다. 이 카드를 구매한 사람은 사랑하는 사람을 철저히 외면하면서 인생 대부분을 살아가겠다고 약속하는 셈이다.

나는 트위터에서 사회적 실험을 했는데, 그것은 2019년 말경 무료함을 달래고자 시작했다.

Kyle D Evans
@kyledevans

이 글이 '좋아요'를 한 개 얻으면 스레드를 계속할 거예요.

(스레드)

게시글은 금세 '좋아요'를 하나 얻었고 나는 그것으로 스레드를 만들어 2개의 '좋아요', 4개의 '좋아요', 8개의 '좋아요'… 를 요청했다. 그런데 '좋아요'를 16개 얻고 보니 사람들에게는 좀 더 그럴싸한 것이 필요할 것 같았다.

Kyle D Evans
@kyledevans

'좋아요'를 16개 얻으면 스레드를 계속하고 맛있는 차를 대접할게요.

다음 표는 단계별로 요구된 '좋아요'를 얻는 데 걸린 시간을 보여준다.

'좋아요' 개수	첫 트윗 이후 소요된 날
1	0
2	0
4	0
8	0
16	0
32	1
64	2
128	96
256	600일 이상

500명이 넘는 10대 아이들이 모인 홀 앞에서 구걸하다시피 해서 간신히 128개의 '좋아요'를 받아낸 것만은 이 기회에 털어놓아야겠다. 이번 단락에서 나는 256개의 '좋아요'를 얻으려고 독자 앞에서 똑같은 짓을 하고 있다. 하지만 요지는 같다. 즉, 기하급수적 증가

는 유지하기가 매우 어렵다는 것이다. 이 책을 쓸 무렵 트위터 이용자는 거의 3억2000만 명에 이르렀다. 설령 그들이 하나같이 내 게시물을 좋아한다고 해도 스레드를 29일째까지 지속하는 데 필요한 이용자 수로는 부족하다. 설령 봇(bot)[사람이 직접 글을 남기는 것이 아니라 자동으로 트위터에 글을 남기는 프로그램인 트위터봇을 의미한다]이란 봇을 전부 계산에 넣는다고 해도 말이다.

아무리 오랫동안 수학을 공부해왔고 수학에 친근감을 느끼는 사람이라 해도 기하급수적 증가는 혼을 쏙 빼버릴 만큼 놀라운 개념이다. 학창 시절 따분한 수업 시간을 보내는, 그나마 흥미진진한 방법은 A4 용지를 최대한 많이 접는 것이었다(이렇게 종이접기를 한 번도 해본 적이 없다는 동창 녀석의 얘기를 듣고 참 재미있다는 생각이 들었다. 하지만 그런 친구도 스마트폰으로 '2048게임'을 해본 적은 있다). 그러나 아무리 열심히 노력해도, 가령 칼처럼 정확히 줄을 세우고 다른 아이까지 모두 달려들어 마지막 몇 번의 종이접기에 힘을 보탠다해도 일곱 번 이상 접는 것은 불가능해 보인다. 무슨 마술에나 걸린 듯 종이접기가 일곱 번을 넘지 못하는 것은 왜일까?

종이접기 이면에 깃든 수학의 원리를 살펴보자는 생각은 그로부터 몇 년이 지나서야 하게 됐다. 복사용지 상자에 적힌 A4 용지 한 장 크기는 297 × 210㎜이다. 복사용지 한 상자에는 보통 500장의 용지가 들어 있고 두께는 5㎝에 이른다. 이는 100장의 두께가 1㎝, 따라서 용지 한 장의 두께는 $\frac{1}{100}$㎝, 즉 0.1㎜라는 의미다.

이제 종이 한 장을 접을 때마다 길이나 너비는 절반으로 줄어든다. 중요한 사실은 접을 때마다 두께는 두 배가 된다는 점이다. 이에 따라 종이를 접을 때마다 접힌 종이의 치수는 다음과 같다.

접은 횟수	길이(mm)	너비(mm)	두께(mm)
0	297	210	0.1
1	148.5	210	0.2
2	148.5	105	0.4
3	74.25	105	0.8
4	74.25	52.5	1.6
5	37.125	52.5	3.2
6	37.125	26.25	6.4
7	18.5625	26.25	12.8

종이접기가 여덟 번째에 이르려면 두께는 25.6mm가 되어야 하는데, 이는 종이의 길이나 너비보다 큰 값이므로 불가능하다! 우리가 가진 종이가 필요한 만큼 길거나 넓다는 가정하에 45번을 접은 종이의 두께는 지구에서 달까지의 거리와 맞먹는다.

하지만 '기하급수적' 증가를 아무렇지도 않게 얘기하는 것은 조심해야 한다. 자연에서는 좀처럼 보기 드문 현상이기 때문이다. 이 책을 집필할 당시 국제적인 뉴스거리는 심각한 통행 체증을 유발하면서 수에즈 운하에 옆으로 처박힌 거대한 화물선에 관한 것이었다. 흥분을 잘하는 어느 취재원은 줄지어 늘어선 선박의 수가 '기하급수적'으로 늘어나고 있다고 전했다. 정말 그랬을까? 선박의 수가 늘어나는 것은 분명하지만, 선박의 수가 늘어나는 '비율' 역시 증가하는 건가? 선박의 수가 기하급수적으로 늘어났다면 수에즈 운하에 늘어설 대기행렬을 채우느라 조선업계는 조만간 새로운 선박을 만드는 데 전력투구해야 할 것이다.

다시 용 문제로 돌아가자. 사실 살아 있는 생명체는 불을 뿜는 용과는 정반대로 자란다. 즉, 지수적 성장이 아닌 '로그적(대수적)' 성장을 따른다. 로그적 성장은 성장률이 언제나 증가가 아닌 감소하는 양의 값을 갖는다. 사람은 어린 시절에는 하루가 다르게 성장해 10대 후반이나 20대 초반까지 계속 자라지만 시간이 지나면서 성장은 차츰 감소한다.

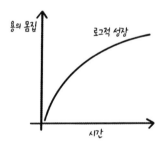

언젠가 나는 펍 퀴즈[영국의 펍에서 금요일마다 열리는 이벤트로, 술과 저녁을 먹으며 퀴즈를 푼다. 특히, 옥스퍼드나 케임브리지에서는 유니버시티 챌린지

가 열려 참가자들이 열띤 학구열을 띠며 퀴즈를 푼다]에서 잠시 잠잠해진 틈을 타 로그적 성장이 정확히 무엇인지 설명해달라는 요청을 받은 적 있다. 몇 차례 실수가 있고 나서 나는 펍 퀴즈야말로 그것을 설명할 완벽한 기회라고 느꼈다. 그날 밤 우리 팀은 두 명뿐이었지만 여섯 명으로 이루어진 단골팀 못지않게 그럭저럭 득점을 올렸다. 한 사람이 추가로 들어온다면 우리 팀에 조금 이득이 될 수도 있었다. 이 사람은 우리가 어려움을 겪고 있는 '음식과 음료 라운드'에서 도움을 줄 수 있을지도 모른다. 하지만 불가피하게도 우리 각자의 지식은 중복됐기 때문에, 즉 그가 알고 있는 사실은 대개 우리도 알고 있었기 때문에 팀의 점수를 크게 올리지는 못했을 것이다. 열 명으로 팀을 이룬다고 해도 여섯 명으로 이루어진 정규 팀과 비교해 큰 차이가 없었을 것이다. 다양한 전공과 관심사를 가진 여섯 명은 왕과 여왕에서부터 클래식 음악에 이르기까지 어마어마한 양의 잡다한 퀴즈를 감당할 수 있기 때문이다. 이 점을 염두에 두고 다음 문제를 살펴보라.

#15
120명의 연주자로 이루어진 오케스트라가 베토벤의 9번 교향곡을 연주하는 데는 40분이 걸린다. 60명의 연주자가 같은 곡을 연주하는 데는 얼마나 걸릴까?

이처럼 다소 바보스러운 질문은 (당시 유행한 '밈' 스타일의 구절이 인용된) 아래의 트윗 덕분에 2017년 10월 온라인에서 빠르게 퍼져 나갔다.

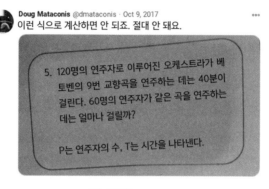

물론 절대 그런 식으로 계산하면 안 된다. 교향곡은 몇 명의 연주자가 연주하든 40분이 걸린다. 내게는 교향곡 연주 시간이 70분 정도로 느껴졌으니 사실 여부는 알아봐야 했다. 나는 '유니버시티 챌린지'에서 클래식 음악 문제를 맞힌 적이 한 번도 없다. 하지만 실제로 10년 전에 이 문제를 낸 클레어 롱무어라는 이름의 교사가 트윗을 봤다.

Claire Longmoor #FBPE #remain
@LongmoorClaire

내가 이걸 썼어요! 이걸 어디서 구했을까요??? 나는 영국 노팅햄에 사는 수학 교사예요. 이 글은 10년 전에 썼죠. 원본의 전문은 다음과 같아요.

여기에 원본 일부를 소개한다.

3. 스트로베리 피커스 알 어스는 15명을 고용해 10시간에 걸쳐 딸기밭 한 구획을 수확한다. 3시간 만에 딸기밭 한 구획을 수확하려면 몇 명이 필요할까?
T는 딸기 수확 시간, P는 딸기 수확에 투입된 인원수를 나타낸다.

4. 트레버는 인터넷 서핑을 2시간 하고 1.20파운드를 지급한다. 5시간 10분 동안 인터넷 서핑을 하려면 얼마를 지급해야 할까?
T는 인터넷 서핑 시간, C는 비용을 나타낸다.

5. 120명의 연주자로 이루어진 오케스트라가 베토벤의 9번 교향곡을 연주하는 데는 40분이 걸린다. 60명의 연주자가 같은 곡을 연주하는 데는 얼마나 걸릴까?
P는 연주자의 수, T는 시간을 나타낸다.

6. 데이지, 블루벨, 메이지 무. 이렇게 3마리의 젖소가 일주일마다 200kg의 사료를 먹는다. 그런데 버터컵이라는 이름의 젖소가 농장에 새로 들어왔다. 같은 양의 사료를 4마리가 먹는다면 얼마나 걸릴까?
C는 젖소의 수, T는 사료가 떨어질 때까지 걸리는 시간을 나타낸다.

클레어는 이 문제에 내포된 어리석음을 충분히 인지하고 있었던 것으로 보인다. 실은 그 점이 문제의 핵심이었다. 이 문제는 학생들이 질문에 답할 때 아무 생각 없이 똑같은 풀이를 반복하지 않고 문제를 주의 깊게 들여다보는지 떠보려는 목적에서 정비례와 반비례에 관한 몇 가지 진지한 질문(다른 문제에 대한 정답이 궁금하다면 다음과 같다 ③ 50명의 인원이 필요하다. ④ 인터넷 서핑 비용으로 3.10파운드를 지급한다 ⑥ $5\frac{1}{4}$일이 걸린다) 사이에 들어 있다. 여러분도 그런 수학 선생님을 만났다면 좋지 않았을까? 많은 사람이 그렇게 생각하는 것으로 드러났다.

"내가 '인터넷에서 대박을 거뒀다'느니, 내가 자기 수학 선생님이었으면 좋겠다느니 하는 사람들의 열렬한 호응에 기분이 아주 좋았죠."

놀랍게도 클레어가 자신의 계정을 만들고 나서 불과 며칠 만에 이 문제는 트위터에서 일약 스타덤에 올랐다. 그녀는 웹사이트에서 인기 있는 코미디언이 10년 전에 자기가 낸 수학 문제를 공유하는 걸 처음으로 목격했다. 그녀의 트윗글은 이미 3만 개의 '좋아요'를 획득했고 날마다 '좋아요'와 리트윗을 얻어가고 있다. 그렇게 세상의 주목을 받는 순간이 오면 어떤 기분이 들까?

"엄청난 반응에 어리둥절했어요. 〈타임〉부터 지역 신문에 이르기까지 세계 곳곳에서 상당히 많은 기사가 쏟아져 나왔죠. 학생들이나 친구들, 반짝하는 나의 유명세에 대해 듣게 된 모든 이들에게 이렇게 얘기해줍니다. 2년이 지난 지금도 여전히 '좋아요'와 리트윗을 얻고 있다고 말이죠." 다만 클레어가 밝히고 넘어가고 싶은 것이 한 가지 있다. "그런데 말이죠, 베토벤의 9번 교향곡을 연주하는 데 40분 이상 걸린다는 걸 이제야 알았지 뭐예요!"

전혀 맞지 않는 상황에 정비례를 끼워 맞추는 경우는 비일비재하지만, TV 프로그램 〈나는 연예인이야. 나를 여기서 꺼내줘!〉 2020년 방송분의 다음 사례에서 보듯 대개는 의도적이지 않다.

#16
알레드는 7마리의 말을 샀다.
말 1마리는 마차를 끌고 1시간에 4마일을 갈 수 있다.
그에게는 앞으로도 336마일의 여정이 더 남아 있다.
7마리의 말을 이용해 목적지에 이르는 데는 몇 시간이 걸릴까?

사실 나는 이 문제의 정답은 모른다. 이튿날 버스에 치여 도로 위에서 피를 흘리며 죽어가면서 '지구상에서의 마지막 시간을 그렇게 헛되게 보냈구나' 하고 후회할까 봐 이 프로그램을 보지 않아서다. 하지만 정답이 **12시간**이라는 것에는 기꺼이 내기를 걸 의향이 있다 (한 시간에 28마일씩 해서 336마일을 계산한 것이다).

물론 이 문제는 마차가 어떻게 움직이는지에는 관심이 없다. 이런 식이라면 충분한 수의 말에 마구를 채우면 어떤 속도라도, 원하는 속도에 도달할 수 있다. 18마리면 영국 고속도로의 제한 속도를 초과할 것이고, 200마리 정도가 되면 음속을 초과할 것이고, 1억 6800만 마리쯤 되면 광속으로 움직일 수 있을 것이다. 그것은 여러분이 시간을 되돌려 더 좋은 문제를 만들 수 있다는 의미다.

현실에서는 말을 계속 추가하면 마차의 속도가 로그적으로 증가할 것이다. 말 한 마리가 추가될 때마다 속도가 증가하지만 점점 줄어드는 비율로 증가한다는 말이다.

그럼 이렇게 묻는 사람도 있을 것이다. 악어와 얼룩말 문제에서는 잠잠하다가 이제 와서 호들갑을 떠는 이유가 뭐지? 두 문제 모두 수학이 과도하게 적용된 비현실적인 상황 아닌가?

그런 물음에 대해 답변하자면, 악어와 얼룩말 문제는 젊은 수학자를 도전하게 만드는 정직하고 중요한 최적화 문제다. 실제로 야생동물은 수학적 모형을 따라 살아간다. 가령 매는 활강하는 내내 훈련된 눈으로 먹잇감을 주시할 수 있도록 곡선 형태의 로그 나선을 그리며 먹잇감을 위에서 덮친다. 매는 펍 퀴즈에 참가하는 팀원만큼이나 혹은 그보다도 로그에 대해 아는 바가 없지만, 선천적으로 타고난 본능에 따라 수학적 패턴을 그리며 비행한다. 이 얘기는 저녁 만찬거리에 될 수 있는 대로 빨리 접근하려는 악어 문제에도 적용할 수 있다.

반면에 TV 프로그램의 문제는 본질상 연예인 몇 사람이 7 × 4를 하고 그 결과로 336을 나누는 등의 연산이 필요하다. 물론 이 경우 곱셈이 나눗셈보다 우위에 있지 않기 때문에 336을 7로 나눈 뒤에 4를 곱하든, 4로 나눈 뒤에 7을 곱하든 상관없다. 이에 대해서는 나중에 간략히 살펴볼 예정이다. 이상적으로 보자면, 우리 역시 '실제 삶'에서 이런 식의 계산을 하고 싶어 한다. 여기에 두 가지 문제를 소개한다.

바이커 초등학교의 교실에는 4명씩 앉는 의자가 7줄 놓여 있다. 이 학교 재학생은 336명이다. 학교에는 몇 개 반이 있을까?

안프와 딕은 출현하는 TV쇼마다 700만 파운드를 받는다. 그들은 1년에 4번 TV쇼에 출현한다. 3억3600만 파운드를 벌려면 그들은 TV쇼에 몇 년간 출현해야 할까?

문제 양식이 다음에 소개하는 짓궂은 문제를 연상시킨다.

5명이 5개의 구덩이를 파는 데 5분이 걸린다. 10명이 10개의 구덩이를 파는 데는 얼마나 걸릴까?

이 문제에는 10분이라는 답변이 나오게끔 하는 술수가 의도적으로 깔려 있다. 처음부터 끝까지 그런 답이 나오게끔 밀어붙인다. 즉, 누군가에게 코끼리를 생각하지 말라고 하는 것과 비슷하다. 다른 생각을 하는 것이 즉각적으로 불가능해진다. 잠시 호흡을 가다듬으면 5분이라는 정답이 명확해진다. 10명이 10개의 구덩이를 파는 것은 5명이 5개의 구덩이를 파는 것과 다름없다. 다시 말해, 한 사람당 구덩이를 한 개씩 판다. 따라서 첫 번째 경우에 5분이 걸린다면 두 번째 상황에서도 5분이 걸릴 테고 2배로 많은 구덩이가 생길 것이다(한 개의 구덩이가 정확히 어느 정도인지 궁금하다면 1967년에 공식적으로 정의된 구덩이 크기는 로열 앨버트 홀 부피의 1만분의 1이다).

이는 이른바 '인지 성찰(cognitive reflection)' 문제의 훌륭한 사례에 속한다. 인지 성찰 사례는 이 책의 다른 부분에서 살펴볼 계획이다. 정답이라고 먼저 소리치고 싶은 욕심이 앞서면 그러지 않으려 노력해도 잘못된 방향으로 이끌리게 마련이다. 온라인에서 논란의 소지가 다분한 의견 쪽으로 재빨리 기울 때면 이런 유형의 문제로부터 확실히 뭔가 배울 수 있다. 한 발짝 뒤로 물러서서 숨을 깊게 들이쉬라. 문제를 보는 균형감각이 그다지 뛰어나지 않더라도 본능에 따른 첫 번째 답변이 뭔가 아쉬움을 남긴다는 사실을 알 수 있다.

하지만 '5명이 구덩이를 파는 데 5분이 걸린다'는 문장을 구글에서 검색하다 보면 다음과 같은 유형의 수수께끼도 나오기 때문에 이런 장르의 결정판이라 할 수 있는, 이 문제도 아주 까다롭다고 할 수는 없다.

3명이 3개의 구덩이를 파는 데 3시간이 걸린다면 5명이 구덩이 절반을 파는 데는 얼마나 걸릴까?

1사람이 구덩이 1개를 파는 데 기본적으로 3시간이 걸린다는 사실을 인지하고 나서 5명이 $\frac{3}{5}$시간(혹은 36분) 동안 구덩이 하나를 파므로 5명은 18분 만에 구덩이 절반을 팔 수 있다는 식의 합리적인 계산도 가능하다. 그런데 흥을 깨기로 작정한 사람은 '구덩이 절반 따위는 존재하지 않는다'는 식으로 답하기도 한다.

교실에서 시작돼 온라인에서 잊을 만하면 화제를 불러모으는 또 다른 문제를 살펴보자. 내가 꽤 좋아하는 문제다.

#17

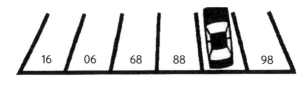

(출처 미상)

자동차는 몇 번 자리에 주차돼 있을까?

나는 이런 식으로 소소하지만 나름의 가치가 있는 문제가 좋다. 처음에는 곤혹스러운 수의 성질을 이용하지만, 일단 알아차리고 나면 정답은 갑자기 분명해진다. 실제로 누군가 페인트로 쓴 주차 번호 옆을 걸어가면서 여기에 적힌 숫자의 특징을 알아차렸을 때 자동차 밑에 적힌 숫자를 유추해볼 만한 문제다. 나는 수학적 추론보다 관찰력과 수평적 사고[이미 확립된 패턴에 따라 논리적으로 접근하는 것이 아니라 통찰력이나 창의력을 발휘하여 기발한 해결책을 찾는 사고 방법]가 필요하기 때문에 좋은 퍼즐이 아니라고 주장하는 퍼즐 마니아나 수학자와 악의 없는 논쟁을 벌인 적도 있다. 하지만 이 문제에 관한 한 신념을 굽힐 수 없다. 문제가 훌륭하기도 하거니와 코로나19 탓에 대규모로 봉쇄됐을 때 지역 아동을 위해 주간 퍼즐반을 운영하면서 내준 최초의 퍼즐 가운데 하나였기 때문이다. (정답은 87이다. 주차 공간으로 들어가는 운전자가 알아보기 쉽도록 숫자는 위아래가 뒤집혀 있다.)

재미있는 여담 하나: 내가 '주차 논리 퍼즐'을 검색하다가 찾아낸 전체 이미지를 소개한다.

(출처 미상)

광둥어로 쓴 교과서는 20초 안에 답변하라고 요구한다. 이 문제의 열혈 팬인 나도 그것을 보자마자 20초 안에 답변을 내놓을 수 있을지 자신이 없다. 분명히 이 문제는 6~7세의 홍콩 초등학교 1학년에 맞춰 만든 것이다. 아시아의 초등학교 아이에 맞춘 문제지만 책을 보지 않고도 탐구할 수 있기 때문에 서구식 버전이 온라인에서 화제가 되는 듯하다. 분명한 것은 이 문제가 눈에 확 띄는 제목을 달고 다닌다는 것이다.

여러분은 홍콩의 1학년보다 똑똑합니까? 중국의 초등학교 시험에서 찾아낸 논리 퍼즐에 어른들은 쩔쩔맸지만 여섯 살짜리는 단 20초 만에 해결했습니다.

이처럼 온라인상에 널리 퍼진 퍼즐 유형 중에 가장 악명 높은 것이 2015년에 들불처럼 퍼져나간 '세릴의 생일'로 이 책에서 소개하는 문제 중 위키피디아에 독자적 페이지를 가지고 있는, 몇 안 되는 문제다.

#18
세릴과 친구가 된 알버트와 버나드는 친구의 생일이 언제인지 알고 싶다. 세릴은 이들에게 생일일 수 있는 10가지 날짜를 건네주었다.

5월 15일   5월 16일   5월 19일
6월 17일   6월 18일
7월 14일   7월 16일
8월 14일   8월 15일   8월 17일

그런 다음 세릴은 자기 생일의 달은 알버트에게 날짜는 버나드에게 각각 알려주었다.

알버트: 난 세릴의 생일이 언제인지는 몰라. 하지만 버나드 너도 모른다는 것만은 알고 있지.

버나드: 난 처음엔 세릴의 생일이 언제인지 몰랐어. 하지만 이젠 알아.

알버트: 나도 세릴의 생일이 언제인지 알아.

그렇다면 세릴의 생일은 언제일까?

싱가포르 TV 진행자인 케네스 콩이 페이스북에 올린 이 문제는 10세의 초등학교 5학년을 대상으로 만들어졌다. 대체 무슨 소리지? 솔직히 말해서 나는 이 문제를 이해하려고 대여섯 번은 반복해서 읽었다! 나중에 알고 보니 이 문제는 실제로 특히 14~15세 아이들을 대상으로 하는 싱가포르와 아시아 학교의 수학 올림피아드 시험지에서 나온 것이었다. 문제는 합리적이라는 느낌도 다소 있지만 상당히 까다롭다.

이런 정보를 모두 머릿속에 저장한 다음 종이 위에 펜을 올려두지 않고도 정답을 맞힐 수 있다면 나는 여러분이 셜록에 버금가는 기억의 궁전[기원전 2500년, 고대 그리스 시대부터 쓰인 기억 방식으로 자신이 기억하고 있거나 만들어낸 장소 안에 기억하고 싶은 것들을 대입하여 기억해낸다.

BBC 드라마 속 셜록 홈스는 중요한 정보를 머릿속에 존재하는 상상의 장소에 배치함으로써 방대한 기억을 저장한다]을 가지고 있다는 사실에 머리를 조아릴 것이다. 나는 생일로 가능한 모든 날짜를 격자에 써넣었다가 확실해지면 잘못된 답을 제거해나갔다.

5월		15	16			19
6월				17	18	
7월	14		16			
8월	14	15		17		

알버트: 난 세릴의 생일이 언제인지는 몰라. 하지만 버나드 너도 모른다는 것만은 알고 있지.

자, 이제 천천히 따져보자. 세릴은 알버트와 버나드의 귀에 대고 각각 생일이 든 달과 날짜를 속삭인다. 알버트는 '난 세릴의 생일이 언제인지 몰라'라고 말하는데, 물론 사실이다. 세릴이 속삭인 달 중에는 생일이라고 완벽하게 날짜를 못 박을 수 있던 달은 존재하지 않는다. 모든 달에는 한 개 이상의 날짜가 들어 있기 때문이다.

그렇지만 세릴이 알버트에게 뭐라고 속삭였는지 몰라도 버나드 역시 세릴의 생일을 모른다는 사실을 충분히 느낄 수 있다. 세릴이 알버트에게 '5월'이나 '6월'이라고 말했다면 버나드에게는 '18'이나

'19'라고 말했을 수 있고, 그런 과정에서 버나드는 완전한 생일을 알수 있다(만약 '18'이라고 했다면 그것은 6월 18일만을 의미하고 '19'라고 했다면 5월 19일만을 의미할 것이다). 그녀는 버나드에게는 완전한 생일을 알려주지 않았다. 따라서 알버트는 그녀가 버나드에게 분명히 '18'이나 '19'라고 속삭이지 않았다는 것을 알게 된다. 결국 그녀는 알버트에게 틀림없이 '7월'이나 '8월'이라고 속삭였을 것이다.

5월		~~15~~	~~16~~			~~19~~
6월				~~17~~	~~18~~	
7월	14		16			
8월	14	15		17		

버나드: 난 처음엔 세릴의 생일이 언제인지 몰랐어. 하지만 이젠 알아.

버나드는 세릴이 자신에게 속삭인 것으로는 완전한 생일을 알 수 없었다(앞에서 살펴본 것처럼 그녀는 '18'이나 '19'라고 속삭이지 않았다). 하지만 일단 알버트가 말하고 나면 버나드는 완전한 생일을 알게 된다. 이로부터 우리는 버나드가 '14'는 듣지 않았다고 확신할 수 있다. 만약 그랬다면 그는 여전히 문제 풀이에서 진전을 이루지 못했을 것이다(정답이 7월 14일이 될 수도 있고 8월 14일이 될 수도 있기 때문이다).

5월		~~15~~	~~16~~			~~19~~
6월				~~17~~	~~18~~	
7월	~~14~~		16			
8월	~~14~~	15		17		

알버트: 나도 세릴의 생일이 언제인지 알아.

이제 남은 날짜는 7월 16일, 8월 15일, 8월 17일이고, 알버트는 버나드의 마지막 말로 세릴의 완전한 생일을 알게 된다. 만약 알버트가 8월이라는 얘기를 들었다면 14일일 가능성을 제거한 것만으로는 여전히 미궁에서 벗어나지 못할 것이다(8월 15일 혹은 8월 17일이 여전히 남아 있기 때문이다). 따라서 선택할 수 있는 유일한 날짜는 **7월 16일**이다.

훌륭한 수학 교사라면 늘 학생이 자신의 답안을 확인하도록 권할 것이다. 그래도 혹시 모르니까 7월 16일을 답으로 정한 다음 알버트와 버나드 사이에 오간 대화를 다시 한번 살펴보자.

> *알버트: 난 세릴의 생일이 언제인지는 몰라. 하지만 버나드 너도 모른다는 것만은 알고 있지.*

알버트는 7월이라는 얘기를 들었다. 그래서 버나드가 14일이나

16일 중에 하나를 들었을 것이라 추측한다. 또 날짜 목록에서 14일과 16일이 7월에만 있는 것이 아니므로 버나드가 아직은 정답을 알 수 없다는 것도 안다.

버나드: 난 처음엔 세릴의 생일이 언제인지 몰랐어. 하지만 이젠 알아.

버나드는 16일이라는 얘기를 들었다. 그런데 5월 16일도 선택 가능하기 때문에 7월 16일에 승부수를 던지기에는 아직 이르다. 하지만 알버트가 무슨 생각을 하고 있는지 알게 되자 버나드는 깨닫게 된다. 알버트는 5월과 6월을 목록에서 빼버렸고 이로써 버나드는 7월 16일에 안착할 수 있다.

알버트: 나도 세릴의 생일이 언제인지 알아.

버나드가 정답을 안다는 사실을 알게 되자 알버트는 버나드가 '14'는 듣지 못했음을 알게 된다. 알버트가 선택할 수 있는 날짜는 7월 14일과 7월 16일이므로 그 역시 7월 16일을 선택한다.

휴우! 드디어 끝났다. 상당수의 퍼즐 애호가가 그럴싸하게 타당한 이유를 들어 8월 17일을 정답으로 선택하면서 이 문제는 온라인상에서 전례를 찾아볼 수 없을 정도로 빠르게 퍼져나갔다. 그 과정에서 상대방의 관점은 아랑곳없이 서로 옥신각신하거나 얼굴을 붉히며 흥분하는 일도 벌어졌다.

마침내 싱가포르에서 처음 이 문제를 낸 사람이 나섰다. 그들은 의도된 정답이 7월 16일이라고 밝히면서 상반된 접근에서 오류가 발생하는 지점도 설명해주었다. 온라인상에서 8월 17일의 정당성을 찾는 일은 가능하지만, 거기에 너무 관심을 보이지는 않았으면 좋겠다. 8월 17일 신봉자들은 솔직히 같은 하늘 아래 살아가는 것이 창피할 정도로 멍청한 사람들이니까(농담이다!).

만약 '난 정답은 모르지만… 이젠 알아' 하는 식의 퍼즐 유형을 접해본 적이 없는 사람이라면 기이한 교도소를 소재로 하는 다음과 같은 문제를 추천한다.

#19
4명의 죄수가 각자 흰색이나 검은색 모자를 쓴 채 벽을 바라보며 다음과 같은 식으로 서 있다.

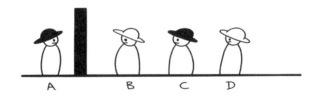

죄수들은 그곳에 4명이 있고 그들이 쓴 모자 색이 2가지임을 알고 있다. 그들은 몸을 반대 방향으로 돌리거나 모자를 벗을 수 없다. 죄수 가운데 누군가 자기가 쓴 모자 색을 큰 소리로 말할 수 있다면 죄수들은 모두 풀려날 것이다. 자기가 쓴 모자 색을 정확히 말할 수 있는 죄수가 있을까?

처음에는 모든 죄수가 이처럼 이상야릇한 시설에 영원히 갇힐 수밖에 없는 운명인 것처럼 보인다. 죄수 A는 판단의 근거로 삼을 만한 다른 죄수가 없는 상태로 벽을 바라보고 있다. 죄수 B 역시 자신의 모자 색깔을 확인할 방도가 없이 추측만 할 따름이다. 죄수 C는 자기 앞에 흰 모자 하나가 있는 걸 보지만 그다지 쓸모가 없다. 죄수 D도 검은 모자와 흰 모자를 하나씩 보지만 마찬가지로 별반 소용이 없다. 죄수 D가 두 개의 검은 모자를 본다면 자기 모자가 흰 모자라고 선언할 수 있을 테지만 안타깝게도 그렇지 못하다.

잠깐만… 죄수 C가 우리와 같은 방식으로 생각하고 있다면 그는 죄수 D가 보고 있는 두 개의 모자 색깔이 같지 않다는 것을 안다. 잠시만 기다려보면 죄수 C는 방안에 감도는 정적을 통해 자기 뒤에 있는 죄수가 검은 모자와 흰 모자를 하나씩 보고 있다는 것을 짐작할 수 있다. 따라서 죄수 C는 자신의 모자가 앞에 있는 죄수 B의 모자와 반대 색깔임을 알 수 있다. **죄수 C는 '검은색'이라고 선언할 수 있다!'**

이런 죄수의 딜레마는 내가 세릴의 생일 문제를 봤을 때 가장 먼저 떠오른 문제였다. 다른 사람의 입장에 서서 생각해보고 시간이 지남에 따라 자기 생각이 어떤 식으로 변하는지를 따져보도록 요구하는 문제는 드물다.

죄수 각자 혹은 이따금 모든 죄수가 감옥에서 풀려나려면(이런 이유로 경비가 철통같은 감옥을 퍼즐 마니아에게 맡겨서는 안 된다) 수학 퍼즐을 해결해야 하는 죄수 문제는 흔하면서도 꽤 난이도가 다양하다. 여러분이 도전해봐도 좋을 문제 3개를 소개한다. (내 생각에는) 뒤로 갈수록 난도가 점점 높아진다. 해답은 책의 뒷부분에 실어두었다.

1. 감옥에 100명의 죄수와 100명의 간수가 있다. 죄수마다 독방에서 생활하며 죄수, 독방, 간수에는 모두 1부터 100까지 번호가 붙어 있다. 죄수가 잠든 사이 간수 1은 모든 독방 문을 연다. 그 결과 모든 독방이 열린다. 그런 다음 간수 2가 하나 걸러 하나씩 독방 문을 닫는다. 그 결과 2, 4, 6… 의 독방은 다시 잠긴다. 다음으로 간수 3이 2개 걸러 하나씩(3번째마다) 열려 있는 독방 문은 닫고, 닫혀 있는 독방 문은 연다. 다음으로 간수 4는 매 4번째…, 간수 5는 5번째마다… 이런 과정을 모든 간수가 자기 차례가 돌아올 때까지 계속한다. 아침이 되면 몇몇 죄수는 독방이 열려 자유의 몸이 됐다는 사실을 알게 된다! 과연 어떤 죄수일까?

2. 감옥에 10명의 죄수가 있고 모두 독방에서 생활하며 11번째 독방

은 비어 있다. 비어 있는 독방에는 '오프(off)' 상태의 스위치 외에는 아무것도 없다. 교도소장은 매일 밤 다른 죄수가 잠든 사이 임의로 한 명의 죄수를 깨워 비어 있는 독방으로 데려가겠다고 설명한다. 그런 다음 죄수는 자기 방으로 되돌아오게 될 것이다. 10명의 죄수가 모두 비어 있는 독방을 다녀왔다고 정확히 말할 수 있는 죄수가 나타나자마자 교도소장은 모든 죄수를 풀어주게 되어 있다. 하지만 잘못 말하면 감옥에서 나갈 기회는 사라지고 만다. 죄수들에게는 전략을 세울 5분이 주어지고, 그 후로는 서로 얘기할 수 없다. 죄수들은 어떤 전략을 세워야 할까?

3. 10명의 죄수가 한 줄로 서 있다. 죄수마다 자기 앞에 있는 모든 죄수를 볼 수 있지만, 뒤에 있는 죄수는 볼 수 없다. 죄수마다 빨간색이나 파란색의 모자를 쓰고 있으나 빨간색 모자와 파란색 모자가 반드시 5개씩은 아니다. 간수는 맨 뒤에 있는 죄수부터 시작해 자신이 쓰고 있는 모자 색을 묻는다. 제대로 맞히면 풀려날 것이고 그렇지 않으면 평생 감옥살이를 해야 할 것이다. 죄수에게는 처음에 전략을 세울 시간이 허용되지만 일단 질문이 시작되고 나면 끝이다. 성공률을 최대로 높이려면 죄수들은 어떤 전략을 세워야 할까?

온라인에서 화제가 될 정도로 특이한 시험 문제는 사소한 뉴스거리가 되는 신풍조를 낳았다. 기삿거리가 없는 날에 가끔 평범하기 그지없는 숙제 질문이 국내 뉴스 칸에 오르기도 한다. 다음은 2020년 말 랭킹 6위의 영국 신문 〈미러〉의 웹사이트에서 발췌한 기사다.

**딸아이의 수학 숙제에 당황한 엄마가
동료 학부모에게 도움을 요청하다**

곤혹스러운 딸의 수학 숙제에 당황한 엄마가 이를 페이스북에 올렸지만, 까다로운 문제에 모두 머리를 긁적거릴 수밖에 없었다.

출처 : https://www.mirror.co.uk/lifestyle/family/mum-stumped-daughters-math-homework-22814891

도대체 문제가 무엇일까? 계속 읽어가기를 바란다.

#20

다음을 지수 형태로 나타내보라.

(a) $\dfrac{1}{x^2}$

(b) $(\sqrt[3]{x})^2$

수학에 익숙하지 않은 사람에게는 이들 문제가 14~16세 정도의 학생을 대상으로 한 매우 일반적인 문제라는 것을 아무리 강조해도 지나치지 않다. 지극히 평범한 문제라고 해야 할까. 기사는 몇몇 사람들이 페이스북에 올린 댓글을 인용한다.

'x의 $\frac{2}{3}$제곱'이라는 답변이 가장 많이 나왔지만, 이런 답변은 사람들을 더욱 혼란스럽게 해.

'문제를 읽을 때보다 오히려 지금 정답을 읽으면서 훨씬 더 혼란스럽다면?! 제곱?!?! 으음, x의 $\frac{2}{3}$제곱이라!!! x가 대체 어쨌다는 거야?!'

이는 분명 뉴스거리다. 누군가 정답을 제시하면 다른 누군가 정답이 혼란스럽다고 투덜댄다. 그 밖에 뉴스 머리기사로 또 어떤 것이 있었더라?

**한 여성은 25년 전에 들었던
어떤 얘기가 기억나지 않는다고 한다**

**사람들은 온라인에서
수학을 설명하기를 어려워한다**

수학은 어렵다

오해하지 마시라. 난 일상적인 뉴스에서 대중적인 수학 이야기를 볼 수 있어서 무척 기쁘다. 하지만 이런 기사는 단순히 이야깃거리로만 끝나지 않는다! 아이의 숙제가 어렵다고 느낀 어느 부모처럼 이 같은 상황은 매일 저녁 전국의 수많은 가정에서 목격된다. 이런 종류의 뉴스가 하는 일이라고는 반지성주의를 미화하고 얼핏 들어본 대수나 수학의 무의미함을 강조하는 것밖에는 없다. 여러분은 초등학교 아이가 이중문자, 종속절, 전면 부사적 어구에 대해 배워야 한다는 사실에 어른들이 경악을 금치 못할 때와 비슷한 느낌을 받을 수도 있다. 무슨 말인지 알겠는가? 아이들은 이 모두를 아주 잘 해낼 수도 있다! 물론, 우리는 최전방에다 전문용어를 배치할 필요가 없을지도 모른다. 그렇더라도 실제 내용은 완벽하게 다룰 수 있으니까. 어떤 문제가 너무 어렵다고 아이에게 말하거나 그런 의중을 은연중에 내비치는 쪽은 대개 어른이다.

이런 종류의 이야기가 널리 퍼지는 이유를 살펴보려면 SNS의 작용 메커니즘의 기본만 이해해도 된다. 여러분도 분명 경험하게 될 테지만, 이런 기사는 사람들의 관심을 불러일으켜 이들이 도전해보고 해답을 인터넷에 게시하게끔 해서 온라인에 퍼지는 효과를 높일 의도로 작성된 것이다. 여기에 포함된 수학이 너무 전문적이어서 대부분의 독자가 즉시 배제된다는 점에서 이처럼 특별한 사례는 완전한 실패작이다. (정답은 x^{-2}과 $x^{\frac{2}{3}}$이다. 최근에 중등교육자격시험 수준의 수학을 공부한 사람이라면 너무나 당연한 내용이고 그렇지 못한 사람이라면 아무런 의미가 없다. 첫 번째 정답에서 이용된 표기법에 관심이 있는 독자는 책의 뒷부분을 참조하기를 바란다.) 하지만 일반적으로 온라인에서 인기가 많은 수학 이야기나 퍼즐은 한번 도전해보고 그것에 대해 서로 논쟁을 벌이도록 유도한다(현대사회에서는 사소한 논쟁이 유행처럼 돼버렸다).

이 책이 인쇄에 들어가기 직전 온라인에서 유행한 숙제 질문 중 내가 훨씬 흥미를 느낀 사례를 소개한다.

#21

참인가 거짓인가?

이 도형에는 두 개의 직각이 있다.

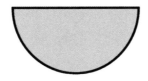

여러분이 내놓은 답안을 설명해보라.

출처 : www. whiterosemaths.com

이 문제는 수학 강사이자 코로나19 대유행 때문에 홈스쿨링을 하는 부모이기도 한 키트 예이츠 박사가 "이건 7학년인 딸아이가 월요일에 받은 수학 숙제에요. 정답이 뭔지 알려주실 분 계실까요?"라고 설명을 붙여 게시했다.

상식적으로 각은 두 직선이 만나는 지점에서만 생길 수 있다. 따라서 아무리 직각처럼 보인다고 해도 곡선과 직선이 만나서 생긴 것을 두고 각이라고 할 수는 없다. 이처럼 초등학생이 각에 대해 처음 배운 내용에 따르면 숙제의 '옳은' 답은 **'거짓'**이다.

반면 예이츠 박사가 TV 인터뷰에서 언급한 대로 축구 경기장의 센터 서클 주변을 걷는다고 상상해보자. 어느 지점에서든 멈춰 서서 90도 각도로 안쪽으로 돌아서면 중심을 똑바로 향하게 될 것이다. 수학적 용어로 설명하면, 원의 반지름은 접선과 항상 90도 각도로 만난다.

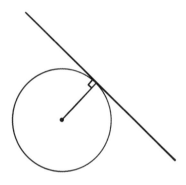

따라서 누군가 여러분의 머리에 총을 겨누고 반원의 양쪽 끝에 각이 존재한다고 말하도록 강요한다면(그럴 리는 없겠지만, 만약 그렇다고 한다면) 직각이라고 답해야 할 것이다. 트위터에서 많은 이들이 노력한 것처럼 마이크로 수준으로 확대하면 사실상 양 끝의 각은 직각이나 다름없다는 사실을 확인하게 될 것이다.

그럼 어느 쪽인가? 둘 다 직각이거나 둘 다 직각이 아닌가? 둘 다인가 아니면 둘 다 아닌가? 이제는 결정을 내려야 한다! 다음과 같은 중요한 특징을 모두 갖춘 이 문제는 여러모로 온라인에 유행한 수학의 전형적인 모습을 보여준다.

1. 한눈에 보더라도 '옳다/틀리다'의 두 체제로 이루어져 있다. '두 직각이 사실이냐 거짓이냐?'는 흑백논리에 해당한다. 우리는 즉시 둘 중 하나를 선택해 그것을 고수할 수밖에 없다.

2. 도움을 청한다. '도와주실 분 계신가요?' 말 그대로 예이츠는 사람들이 각자 자기 의견을 내놓도록 인터넷으로 불러 모으는 중이다. 여기에는 '거짓'이라고 짧게 응답한 수많은 이들도 포함된다. 실제로 예이츠가 답을 몰라서 도움을 요청하는 것이 아니라는 것만은 분명히 해두자. 그는 기본적인 기하라면 어느 정도 이해하는 수학 강사다. 물론 그가 말하고자 하는 것은 '일곱 살 아이에겐 얼마나 어려운 문제인지 따져봅시다' 하는 정도다. 그런데도 '도와주실 분 계신가요?'라고 요청했다. 그것이 진심이든 짐짓 그런 척하는 것이든 답변을 유도하는 포석인 셈이다.

3. '내가 학교 다닐 적과는 모든 것이 달라졌다'는 시각이다. 앞에서 살펴본 것처럼 아이의 수학 숙제를 도와주려고 바둥대는 모습에 어느 부모든 마음 깊이 공감할 수 있다(디즈니 픽사 영화 〈인크레더블 2〉에는 미스터 인크레더블이 슈퍼히어로인 아들의 숙제를 이해하려고 몇 시간 동안 끙끙대는 멋진 장면이 나온다. 그는 우리 모두의 진정한 롤모델이다). 최근 방영된 TV쇼 '당신은 열 살 아

이보다 똑똑한가요?'에서처럼 부모보다 어떤 것(특히, 수학)을 더 잘 이해할 수 있는 아이에게는 마음을 사로잡는 무엇인가가 존재한다.

이 모두를 합치면 온라인에서 펄펄 끓는 완벽한 예시를 얻게 된다. 예이츠는 매체를 통해 대중의 관심을 유도하는 것이 마지막 항목이라 생각한다.

"딸아이의 숙제에 '쩔쩔매는' 수학 강사를 본 이상 사람들은 관심을 보이지 않을 수 없죠. 물론 사람들은 문제에 내포된 미묘함과 그런 미묘함을 설명하고자 트윗 원문 아래에 게시해둔 논평 따위는 그냥 지나쳐버리지만요. 문제를 단순하게 본다거나 두 직선 사이에 있지 않은 각은 생각조차 할 수 없는 사람도 있었고 과시하려는 요량으로 아무 관련도 없는 비유클리드 기하에 관한 이야기를 늘어놓는 사람도 있었죠. 요컨대 이 문제는 수학의 다양한 영역을 논의하는 훌륭한 출발점이기는 하지만 일곱 살 아이에게 각을 이해시키는 가장 좋은 예는 아닐 거라는 생각이 들어요."

여러분은 더할 나위 없이 논리적이고 타당하며 전혀 선정적이지 않고 뉴스거리도 안 되는 결론이어야만 동의할 것이다. 하지만 대중매체가 원하는 것은 '예/아니오, 왼쪽/오른쪽, 옳다/틀리다' 중에 어느 것인지다. 앞서 언급한 인터뷰를 마칠 즈음, 문제의 미묘함을 조심스럽고 분명하게 설명한 예이츠에게 TV 사회자는 물었다. "자,

그럼 그게 참인가요 아니면 거짓인가요?" 예이츠의 대답은? [참도 거짓도 아닌] "그래요"였다.

대중매체가 이런 식의 잘못된 양자택일 문제를 상당 부분 다룬다는 점은 다소 화가 난다. 과연 우리가 조금이라도 나아질 수 있을까 하는 의문마저 든다. 어쩌면 우리에게 영감을 주는 이야기는, 수학에 문외한인 사람도 한 번쯤 도전해보고 거기에 깃든 아름다움을 느낄 정도로 수학을 쉽게 만드는 기발한 젊은이에 관한 이야기가 아닐까? 우선 약간의 사전 작업을 해보기로 하자.

#22
다음 중에서 5로 나누어떨어지지 않는 수는?
25 50 18 155

간단하게 시작해보자. 구구단 5단에 있는 수는 모두 0이나 5로 끝난다는 생각이 떠올랐을 것이다. 어떤 수가 5로 나누어떨어지는지 알아보려면 일의 자리가 0이나 5로 끝나는지 확인한다. 그럼 이 중에 외톨이로 따로 노는 수는 18이다.

다음 중에서 3으로 나누어떨어지지 않는 수는?
63 147 717 14701

구구단 3단은 5단처럼 만족스러운 결과가 되풀이되지 않으므로 다소 어려운 사고 과정이 필요하다. 63은 60보다 3이 많고 60은 3으로 나누어떨어지므로 63 역시 3의 배수일 수밖에 없다. 147은 150보다 3이 적고 150은 3으로 나누어떨어지므로 147 역시 테스트를 통과한다. 14701은 147과 아주 비슷하다는 점을 주목할 필요가 있다. 실제로 14700은 147보다 100배 큰 수다. 14700은 3으로 나누어떨어지는 어떤 수(147)가 100무더기 있다는 것이므로 3으로 나누어떨어진다. 따라서 **14701**은 테스트를 통과하지 못한다.

하지만 9단 트릭을 다룬 때로 되돌아간다면 이보다 빠른 방식이 기억날 것이다. 즉, 각 수의 자릿수근을 찾는 것이다. 만약 자릿수근이 3으로 나누어떨어진다면 그 수는 3으로 나누어떨어진다.

63	147	717	14701
$6 + 3 = 9$	$1 + 4 + 7 = 12$	$7 + 1 + 7 = 15$	$1 + 4 + 7 + 0 + 1 = 13$
✓	$1 + 2 = 3$	$1 + 5 = 6$	$1 + 3 = 4$
	✓	✓	✗

다음 중 9로 나누어떨어지지 않는 수는?

99   891   798   9018

또다시 여러분이 즉각적으로 알아챌 수 있는 단서가 있다. 99는

11개의 9로 우리에게 익숙하다. 891은 900보다 9가 적기 때문에 테스트를 통과할 것이다. 물론 첫 번째 장에도 배수 판정법이 있었다. 즉, 어떤 수의 자릿수근이 9라면 그 수는 9로 나누어떨어진다는 뜻이다.

99	891	798	9918
$9 + 9 = 18$	$8 + 9 + 1 = 18$	$7 + 9 + 8 = 24$	$9 + 9 + 1 + 8 = 27$
$1 + 8 = 9$	$1 + 8 = 9$	$2 + 4 = 6$	$2 + 7 = 9$
✓	✓	✗	✓

따라서 **798**은 9로 나누어떨어지지 않는다.

다음 중 11로 나누어떨어지지 않는 수는?

99   242   951   33011

이번에는 규칙을 모르면 좀 곤란하다. 그래도 늘 그렇듯 붙잡을 단서는 있게 마련이다. 여기서도 99라는 오랜 친구가 다시 등장했고 여러분은 242라는 수에서 좋은 느낌을 받을 것이다. 242는 220 + 22로 나타낼 수 있다. 따라서 242는 22가 10무더기에 또다시 22가 더해진 수임을 기억해두자. 다시 말해, 22가 11무더기인 셈이다(242는 두 무더기의 121로, 121은 11^2으로 인식할 수 있다. 그런 이유로

242 역시 통과된다).

위의 수 중에서 어떤 값의 10무더기에 그 값이 다시 한번 더해지는 방식으로 분해할 수 있는 수가 또 있는가? 33011은 기분 좋은 대칭성을 보인다. 이 수를 잠깐 손보면 30010 + 3001로 나타낼 수 있다. 말하자면, 3001이 11무더기 있는 셈이다. 여기서 외톨이로 따로 노는 수는 **951**이다.

11의 배수 판정법도 있지만, 그것은 앞의 경우보다 기억하기가 좀 힘들다. 수를 이루는 각 자릿수의 교대합을 구하는 것이다. 즉, 왼쪽에서 오른쪽으로 뺄셈과 덧셈을 번갈아가면서 한다. 교대합의 결과가 (0을 포함해서) 11로 나누어떨어지면 원래 수도 11로 나누어떨어진다. 가령 6 − 0 + 5 = 11이므로 605는 11로 나누어떨어진다. 또 9 − 8 + 3 − 4 = 0이므로 9834 역시 11로 나누어떨어진다.

99	242	951	33011
9 − 9 = 0	2 − 4 + 2 = 0	9 − 5 + 1 = 5	3 − 3 + 0 − 1 + 1 = 0
✓	✓	✗	✓

따라서 951은 11로 나누어떨어지지 않는다.

다음 중 7로 나누어떨어지지 않는 수는?

184   532   987   133

7의 배수 판정법은 다소 복잡하다. 실은 성가실 정도로 복잡해서 어떤 수학책에서는 완전히 배제된다. 이 문제는 2019년 여름방학 내내 열두 살 학생인 치카 오필리를 동동거리게 만든 수학 익힘책에 수록됐다. 이 사연은 오필리의 선생인 메리 넬리스의 입을 통해 들어보자.

"7의 배수 판정법은 없었어요. 없는 이유는 기억하기 쉬운 판정법이 없어서 그런 게 아닐까? 지루해하던 치카는 마음을 바꿨고 다음과 같은 생각을 떠올렸죠. 치카는 어떤 정수든 끝자릿수에 5를 곱한 다음 그 수의 나머지 부분에 더해 새로운 수를 만들었어요. 이렇게 얻은 수가 7로 나누어떨어지면 원래의 수도 7로 나누어떨어지는 것으로 밝혀졌죠. 아주 쉬운 판정법입니다!"

532를 예로 들어보자.

끝자리수를 떼어내 5를 곱한다: $2 \times 5 = 10$

여기에 그 수의 나머지 부분을 더한다: $53 + 10 = 63$

이 단계에서는 63이 7로 나누어떨어지므로 532은 7로 나누어떨어진다는 점을 알아차릴 수 있다. 필요하다면 한 단계 더 나아갈 수도 있다: $6 + 3 \times 5 = 6 + 15 = 21$

21이 7로 나누어떨어지므로 532은 7로 나누어떨어진다.

기본적으로, 처음에 시작한 수가 7로 나누어떨어지면 '치카 판정법'을 할 때마다 얻게 되는 새로운 수는 계속해서 7로 나누어떨어질 것이다. 7로 나누어떨어지는 수를 처음 발견하면 일련의 수는 계속해서 7로 나누어떨어진다는 사실을 알게 된다.

987을 예로 들어보자

1단계: 98 + 7 × 5 = 133. 133은 7로 나누어떨어질까? 확실하지 않다면 다음 단계로 넘어간다.

2단계: 13 + 3 × 5 = 28. 28은 분명 4 × 7이므로 여기까지 오는 동안 우리가 만난 모든 수, 즉 987, 133은 7로 나누어떨어진다.

이런 소거 과정에 따르면, **184**는 7로 나누어떨어지지 않는 유일한 수가 분명하다. 치카 판정법은 다음과 같은 결과를 보여준다.

$$184$$
$$18 + 4 \times 5 = 38$$
$$3 + 8 \times 5 = 43$$
$$4 + 3 \times 5 = 19$$

여러분은 구구단 7단을 기억하고 있으니 7의 배수가 아님을 깨닫고 38에서 멈췄을 것이다. 그렇지 않다면 필요할 때까지 테스트해

봐도 좋다. 나는 7의 배수가 아니라고 확신이 드는 19에서 멈췄다. 이로써 43, 38, 184 역시 7의 배수가 아니라는 결론에 이른다.

치카와 그의 반 친구들은 '치카 판정법'를 이리저리 따져봤지만 반례를 하나도 찾을 수 없었다. 치카는 다음과 같이 설명했다.

"우리 반 친구들이 무척이나 놀랐어요. 대부분 그게 사실이라고도 믿지 못했어요. 내가 세상 사람들의 삶을 편하게 해줄 무언가를 찾아냈다는 사실에 기분이 좋았죠."

실제로 치카 판정법이 항상 유효하며 단 한 번의 거짓된 사례도 찾을 수 없다는 사실은 증명할 수 있다. (메리의 오빠인 사이먼 엘리스가 www. simonellismaths.com/post/new-maths에 올린 매력적인 증명이 있다.)

어떤 수의 끝자릿수를 떼어내 거기에 7의 배수보다 5가 많은 (5mod7) 임의의 수, 즉 5, 12, 19, 26, 33… 을 곱하는 것으로 시작할 수 있고 그렇게 얻은 결과 역시 유효하다. 혹은 끝자리수에 7의 배수보다 2가 많은(2mod7) 임의의 수, 즉 2, 9, 16, 23… 을 곱한 다음 더하는 대신에 뺀다(좀 더 수학적 훈련을 받은 사람은 7의 배수를 유지한다는 차원에서 5mod7을 더하는 것이 2mod7을 빼는 것과 같다는 사실을 알아차렸을 것이다).

끝자리수에 2를 곱한 다음 빼는 방법은 인터넷에서 찾아볼 수 있는 가장 일반적인 7의 배수 판정법이지만 여기에는 몇 가지 함정이 있다. 532에 이 테스트를 적용하면 어떤 일이 벌어지는지 살펴보자.

$$532$$

$$53 - 2 \times 2 = 49$$

이 단계에서 49가 7로 나누어떨어진다는 사실을 알아차리지 못하면 한 단계 더 진행한다. 그러면 다음과 같이 상황이 다소 거북해진다.

$$4 - 2 \times 9 = -14$$

7로 나누어떨어지는 수를 얻었어도 음수의 세계로 들어가니까 완벽하다는 느낌이 들지 않는다. 반면 치카 판정법은 음수의 세계로 잘못 들어설 염려가 없으며 덧셈을 고수하기 때문에 뺄셈보다 편안한 마음으로 실행할 수 있다. 이런 이유로 나를 포함한 많은 사람들이 2를 곱한 다음 빼는 방법보다 치카 판정법을 더 만족스럽게 생각한다. 치카 판정법은 온라인에 올라온 가분성 테스트 목록에서 서서히 두각을 나타내기 시작했다. 일부의 비관론자들은 치카의 방법이 전혀 '새롭지' 않다고 지적했다. 다시 말해, 오랫동안 우리 곁에 있었지만 다른 방법만큼 일반적이지 않았을 뿐이라는 것이다. 이런 사람에게 나는 이렇게 묻고 싶다. 소프트 셀이 부른 '욕망의 함정(Tainted Love)'이 우리가 오랫동안 불러온 노래의 리메이크 버전이라는 사실을 알게 됐다고 해서 즐거움이 줄어드는가? 절대 그렇지 않다.

치카의 발견은 아이의 마음에 불을 지폈다. "더 높은 수준의 수학을 계속 공부해나가겠다는 용기를 얻었어요. 내가 풀어낼 수 있는, 좀 더 헷갈리면서도 어려운 문제를 찾아내고 더 많은 발견을 하고 싶어요."

호기심 많은 아이의 마음이 일구어낸 얼마나 멋진 이야기인가. 아이의 수학에는 장황하게 늘어놓는 공식이나 달갑지 않은 기호 따위는 없다. 이런 이야기는 어려운 숙제에 관한 시시껄렁한 기사보다 언론에 등장할 만하지 않은가? 치카의 이야기가 수학계에서는 적정한 수준으로 다루어졌음에도 주요 언론 매체에서는 단 한 줄의 기사도 찾아볼 수 없다는 사실이 참으로 안타깝다. 뉴스에서 이런 수학 이야기를 더 자주 볼 수 있다면 얼마나 좋을까? 그런 날이 오기를 바랄 뿐이다.

4장

잘못된 연산

골치 아픈 연산 순서

#23

60 + 60 × 0 + 1을 계산하라.

브렉시트, 카드놀이, 스콘에 잼과 크림 중 무얼 먼저 바를까 하는 따위의 고민 말고는 연산 순서를 정확히 지켜야 하는 수학 문제처럼 SNS에서 분란을 일으키는 소재도 없다. 다양한 답이 나오는 위의 문제는 최근 몇 년 동안 온라인에서 몇 차례 유행했으며 앞으로도 그런 유행은 계속될 것이 분명하다.

SNS에서 위의 문제를 올린 어느 게시물이든 틀림없이 1 또는 61이라는 두 가지 답안 가운데 하나를 선택한 답변이 물밀듯 올라올 것이다. 여러분은 어느 쪽인가? 이 문제는 최근에 수학 교육을 받은 사람과 그렇지 못한 사람 사이에 갈등을 일으키려는 목적으로 만든 것이다. 최근에 수학 교육을 받지 못한 사람은 왼쪽에서 오른쪽으로 진행되는 연산 과정을 따라 1이라고 답할 가능성이 크다. 반면 최근에 수학 교육을 받은 사람은 곱셈 연산을 먼저 해서 정답인 **61**이라고 답할 가능성이 크다.

이런 종류의 문제에 달린 댓글에는 'BODAMAS', 'BIDAMAS', 'PEMDAS' 같은 두음 문자를 떠들며 논쟁 종료를 선언하는 사람이 나타날 가능성이 매우 크다. 영어를 사용하는 학교에서는 위와 같은 문제의 모호함을 없애고 수학 연산이 실행되는 올바른 순서를 기억하기 쉽도록 학생에게 이들 두음 문자를 널리 가르치고 있다.

Brackets(괄호)/**O**rder(지수)/**D**ivision(나눗셈)/**M**ultiplication(곱셈)/**A**ddition(덧셈)/**S**ubtraction(뺄셈)

Brackets(괄호)/**I**ndices(지수)/**D**ivision(나눗셈)/**M**ultiplication(곱셈)/**A**ddition(덧셈)/**S**ubtraction(뺄셈)

Parentheses(괄호)/**E**xponents(지수)/**M**ultiplication(곱셈)/**D**ivision(나눗셈)/**A**ddition(덧셈)/**S**ubtraction(뺄셈)

이들 두음 문자 가운데 뒤의 네 개는 설명할 필요가 없을 것 같지만, 앞의 둘은 필요하겠다는 생각이 든다.

괄호: 괄호는 1990년 이전에 태어난 사람이라면 휴대전화 문자 메시지에서 웃는 얼굴을 표시하는 데 사용할 것이다[:)]. 뿐만 아니라 글과 글 혹은 수학 기호와 수학 기호를 구분하는

데도 쓸모가 있다. 쉼표, 어포스트로피[']가 문장의 의미를 근본적으로 바꿀 수 있듯이(좋은 문법이란 '네 똥your shit'과 '넌 형편없어you're shit'의 차이를 구별하는 것이다) 괄호를 추가함으로써 일련의 수학 연산에 깃든 의도를 바꿀 수 있다.

지수: 지수는 반복된 곱셈을 나타내는 수학 표기법이다. 즉, 4^3은 4를 연속해서 3번 곱하는 $4 \times 4 \times 4$를 의미한다.

따라서 어떤 수학 연산이든 괄호를 가장 먼저 처리하고 다음으로 지수를 처리하고 다음으로 나눗셈과 곱셈을 처리하고 마지막으로 덧셈과 뺄셈을 처리해야 한다.

가령 앞의 문제에는 지수가 빠져 있지만, 괄호를 삽입함으로써 원래의 의도를 손쉽게 바꿀 수 있다.

$$(60 + 60) \times (0 + 1) = 120$$

괄호 안의 연산이 우선이고 다음으로 120에 1을 곱한다.

$$(60 + 60) \times 0 + 1 = 1$$

괄호 안의 연산이 우선이고 그 결과는 120이다. 여기에 0을 곱한 다음 1을 더한다.

$$60 + (60 \times 0) + 1 = 61$$

괄호 안의 연산이 우선이고 그 결과는 0이다. 여기에 60을 더한 다음 1을 더한다.

연산의 우선순위에 따라 다음과 같이 가운데 있는 곱셈이 양쪽에 있는 덧셈에 앞서 이루어져야 하므로 위의 세 가지 연산 중 마지막 연산에는 괄호가 필요하지 않다.

$$60 + 60 \times 0 + 1 = 60 + 0 + 1 = 61$$

도대체 연산의 우선순위를 따지는 이유는 뭘까? 그런 의문이 들 수도 있겠다. 수학적 명령어에 많은 괄호를 쓰는 것이 항상 이로운 것은 아니다. 효율성을 으뜸으로 치는 컴퓨터 코드를 짤 때라면 더더욱 그렇다. 따라서 우선순위는 모호할 수도 있는 명령어에 질서를 부여하는 당연한 조치로 볼 수 있다. 그렇다고 해서 그것이 논쟁의 여지가 전혀 없다는 뜻은 아니다.

도전해보자!

1) $20 - 4 \times 2$

2) $16 \div 2 + 6$

3) $16 \div (2 + 6)$

4) 2×5^2

5) $(2 \times 5)^2$

#24

50대 이상을 위한 문제. 여러분이 학교에 다닐 때는 7 + 7 × 3과 같은 수학 문제의 정답이 얼마였는가?

A: 28   B: 42

이 문제는 내 어린 시절 축구 영웅인 매튜 르 티시에가 2020년 코로나19로 인한 대봉쇄 기간에 트위터에 게시한 글이다. 이에 몇몇 셀럽이 팔로워를 대상으로 기본적인 연산 순서를 묻는 설문 조사를 벌이기 시작했다. 이 트윗은 불과 서너 시간 만에 2만 차례나 조회됐다. 그중 56.8%가 정답인 A: 28을 선택한 데 비해 1970년대에 학교 교육을 받은 43.2%는 연산 순서를 잘못 기억하고 있었다.

최악의 트릭

여러분이 흥분한 셀럽의 트윗에 신경을 쓰고 있는 사이 이 책을 통틀어 단연 최악의 트릭에 해당하는 문제를 여기에 소개한다. 2020년 여름 트위터에 이 문제를 공유한 어느 셀럽의 신원을 보호하는 차원에서 여기서는 아담 수크로스 경이라는 가명을 쓴다.

오늘은 몇 천 년만에 한 번 일어날까 말까 한 특별한 날이다!

올해 여러분의 나이 + 여러분이 태어난 해 = 2020

워낙 기발해서 전문가조차 설명이 불가하다!

내가 무슨 무슨 전문가라는 사족을 달 생각은 추호도 없다. 그렇지만 여러분의 나이에다 태어난 해를 더하면 2020, 2049, 1066처럼 올해에 해당하는 숫자를 얻게 된다는 건 다름 아닌 나이를 계산하는 실질적인 정의다. 그러고 보니 그해에 이미 생일이 지난 사람에게만 유효하다는 점을 빼먹었다. 따라서 아담 경이 5월 말에 이 글을 게시했다면 그의 500만 팔로워 가운데 절반에 해당하는 사람에게는 위 사실이 유효하지 않을 것이다.

연산 순서에 대해 이제 좀 감이 오는가? 그럼 좀 더 어려운 문제에 도전해보자.

#25
물음표 자리에 오게 될 수는?
$20 - 4 \times 2 + 8 \div 2 + 6 = ?$

그나마 가장 수긍할 수 있는 오답을 먼저 살펴보자. 왼쪽에서 오른쪽으로 연산을 시행해나가면 다음과 같은 결과를 얻는다.

$$20 - 4 = 16$$

$$16 \times 2 = 32$$

$$32 + 8 = 40$$

$$40 \div 2 = 20$$

$$20 + 6 = 26$$

일련의 계산 과정을 하나하나 기억해두었다가 곱셈과 나눗셈을 먼저 처리하기란 매우 어렵기 때문에(이에 대해서는 나중에 더 살펴볼 예정이다) 수식을 큰 소리로 읽어나간다면 거의 확실하게 위의 결과에 이르게 될 것이다. 수식을 한 번에 쓰고 한 번에 읽어나가야 곱셈과 나눗셈을 우선 처리해서 정답인 **22**를 얻을 수 있다.

$$20 - 4 \times 2 + 8 \div 2 + 6$$
$$= 20 - 8 + 4 + 6$$
$$= 22$$

하지만 가족끼리 퀴즈 게임을 하다가 이런 문제가 나왔다면 의도된 답은… 2다. 설명하자면 다음과 같다.

정답 : 2

계산 순서는 × ÷ + −

즉, $20 - (4 \times 2) + (8 \div 2) + 6 = 2$

여러분 중에 오답 2에 이르는 실수가 무엇인지 알아내는 사람이 있다면 자신에게 상을 줘도 좋다. 어쨌든 이 경우도 위의 계산에서 보듯 곱셈과 나눗셈을 우선순위에 둠으로써 첫 번째 단계까지는 제대로 왔다.

앞서 언급한 연산 순서를 나타내는 두음 문자인 BODMAS[괄호-지수-나눗셈-곱셈-더하기-빼기 순]가 과도하게 적용될 때 흔히 나타나는 오류를 바로잡자면 덧셈이 뺄셈보다 우위에 있지 않다는 것이다. 다시 말해, 덧셈과 뺄셈은 똑같이 취급해야 한다. 그래도 해법의 첫 번째 단계까지는 정확하다.

$$20 - 4 \times 2 + 8 \div 2 + 6 = 20 - (4 \times 2) + (8 \div 2) + 6$$

그 후에 위의 식은 다음과 같이 간단히 정리된다.

$$20 - 8 + 4 + 6$$

오류는 다음 줄에 나타난다. 이 해법은 덧셈이 뺄셈에 앞선 것으로 BODMAS를 해석한다. 따라서 8, 4, 6을 먼저 더한 다음 20에서 그 결과를 빼 오답인 2를 얻게 된다. 하지만 BODMAS를 적용할 때는 나눗셈과 곱셈이 '동등한' 순위를 갖고 있듯 덧셈과 뺄셈 역시 '동등한' 순위를 갖고 있다는 점을 이해하는 것이 중요하다. 이런 이유로 오늘날 교사 중에는 BOMA나 BIMA 같은 두음 문자를 택하는 이들도 있다.

Brackets(괄호) / Indices(지수) / Multiplication(곱셈) 혹은 Division(나눗셈) / Addition(덧셈) 혹은 Subtraction(뺄셈)

앞에서 언급한 것처럼 어떤 곱셈 연산이든 나눗셈으로 똑같이 실행 가능하므로 곱셈과 나눗셈은 같은 연산이다. 즉, $\frac{1}{2}$을 곱하는 것은 2로 나누는 것과 같다. 마찬가지로 덧셈과 뺄셈도 차이가 없다. 즉, 5를 빼는 것은 −5를 더하는 것과 같다. 이런 이유로 곱셈과 나눗셈이 '동등'하고 덧셈과 뺄셈 역시 '동등'하다. 덧셈과 뺄셈은 똑같은 연산이므로 덧셈을 뺄셈보다 우위에 두거나 반대로 뺄셈을 덧셈보다 우위에 두는 것은 아무런 의미가 없다!

관찰력 있는 독자라면 두음 문자로 표기한 가장 일반적인 연산 순서인 PEMDAS가 BODMAS나 BIDMAS와 마지막 네 글자 순서가 같지 않음을 알아차렸을 수도 있겠다. A(덧셈)와 S(뺄셈)가 그렇듯 M(곱셈)과 D(나눗셈)는 근본적으로 같은 연산이므로 PEMDAS와 BIDMAS는 여전히 같은 연산 순서를 나타낸다. 이쯤에서 영어를 사용하지 않는 나라는 이와 같은 두음 문자가 의미 없다는 걸 알아야 한다. 두음 문자는 이해를 도와 무조건 외우지 않아도 연산 순서를 쉽게 기억할 수 있게 해준다. 독일어에는 'Potenz vor Punkt vor Strich'와 같은 사랑스러운 문장이 있다. 이는 '덧셈/뺄셈 앞에 곱셈/

나눗셈 앞에 거듭제곱'과 같은 의미로 쓰인다. 문자 그대로 '점'을 뜻하는 *punkt*는 곱셈이나 나눗셈을 나타내며, '선' 혹은 '대시 기호'를 뜻하는 *strich*는 덧셈이나 뺄셈을 나타낸다.

이쯤에서 BODMAS, BIDMAS, PEMDAS는 수학계가 이런저런 이유를 들어 전반적으로 합의한 관습에 불과하다는 점을 주목할 필요가 있다. 그런데도 다음과 같이 보편적인 BODMAS 규칙이 적절치 않은 상황도 생길 것이다.

연산 순서로 두음 문자인 GEMS를 선호하는 사람들도 있다. GEMS 라고? 대체 뭐지? GEMS를 설명하자면 다음과 같다.

Grouping(그룹화) / Exponents(지수) / Multiplication(곱셈) / Substraction(뺄셈)

여기서 '그룹화'는 수학적 경험이 많지 않은 사람은 미처 발견하지 못하는 '추정된' 괄호가 간혹 존재하기 때문에 '괄호' 대신 쓰인 단어다. 다음의 예를 살펴보자.

$$\frac{3 + 5}{2} \times 5$$

수학적 관례에 따라 '3 + 5'에는 괄호가 '필요' 없다. 여기서는 3과 5가 분수의 분자에 올라가 한데 분류됐기 때문에 자연스럽게 출발해야 한다.

'GEMS'는 또한 내가 최근에 발견한 묘수를 이용한다. 즉, 항상 더하기 전에 빼기를 하면 연산 순서 규칙이 어떤 식으로 돌아가든, 설령 약간의 오해가 있더라도 절대 틀리는 법이 없다는 것이다. 앞의 보드 게임 문제를 한 번 더 살펴보자.

20 − 4 × 2 + 8 ÷ 2 + 6 = ? (곱셈과 나눗셈을 한다.)

20 − 8 + 4 + 6 = ? (빽셈을 먼저 한다.)

12 + 4 + 6 = ? (덧셈으로 마무리한다.)

12 + 4 + 6 = 22

빼셈은 덧셈보다 우위에 있지 않다. 하지만 '주의를 기울여' 빼셈이 우위에 있는 것처럼 다루면 실수할 염려가 없다.

#26

제대로 이해하려면 모두 노력해야 하는 숫자 문제를 소개한다.

식은 7 빼기 5로 시작된다.

얻은 결과에 9를 곱한다.

거기서 6을 뺀 다음 8을 더한다.

그것을 4로 나눈다.

이제 최대한 머리를 써서 이 문제의 정답을 계산해보라.

이 문제는 연산 순서와 관련해 아무런 문제가 없는 것처럼 보이며, 누구든 기분 좋게 정답인 5에 동의할 듯싶다. 이는 2009년부터

2012년까지 매주 방송된 영국의 TV 프로그램 〈크리스 모일스의 퀴즈 나이트〉에서 다룬 문제다. 이 프로에서는 원 디렉션, 맥플라이, 알파비트 같은 팝 스타들이 출연해 유명한 노랫말을 수학 문제로 바꿔 생방송 중에 풀었다(위의 문제는 밴드 그룹 킨Keane의 노래 '모두 변하나 Everybody's Changing'를 각색해서 만든 것이다).

내가 수학 수업 시간의 분위기를 띄우려다가 알아차린 것처럼, 교실에서 이런 동영상을 보여주면 BODMAS가 스멀스멀 고개를 내밀기 시작한다. 학생들은 생방송으로 계산해야 하는 부담감 없이 노트에 문제를 쓰고 노래를 들으면서 자기만의 속도로 답을 찾아 낸다.

$$7 - 5 \times 9 - 6 + 8 \div 4$$

출제 의도대로 왼쪽에서 오른쪽으로 연산을 해나간 학생들은 물론 BODMAS를 적용한 학생들에게도 상을 주려면 신중할 필요가 있다!

$$7 - 5 \times 9 - 6 + 8 \div 4$$
$$= 7 - 45 - 6 + 2$$
$$= -42$$

여기에서 얻은 중요한 교훈은 문제에 괄호를 '정확히 배치'한다면 헷갈리지 않고 애당초 의도한 정답인 5에 이르게 되리라는 것이다.

$$(((((7 - 5) \times 9) - 6) + 8) \div 4) = 5$$

이처럼 구조를 정해주면 연산 순서가 대체로 왼쪽에서 오른쪽으로 진행된다는 점이 명백해진다. 결국 괄호를 구어(또는 노랫말)에 추가시킬 방법은 없다. 문맥이 모든 걸 결정한다. 그렇다 해도 계산 의도가 분명치 않은 상황은 여전히 있게 마련이다. 제아무리 BODMAS라도 깊은 수렁에 빠진 여러분을 꺼내줄 수는 없을 것이다. 지금은 그저 꼭 붙들고 있을 수밖에….

아마도 겹겹이 포개진 괄호가 보기 싫은 분도 있을 것이다. 그에 대한 대안은 괄선을 이용하는 것이다. 어느 쪽이 보기 편한가?

$(((((7 - 5) \times 9) - 6) + 8) \div 4) = 5$ $\overline{\overline{\overline{\overline{7 - 5 \times 9 - 6 + 8 \div 4}}}}$

수학적 지식을 전달하는 데 뛰어난 제임스 탠턴은 발음도 어색하고 수학 기호처럼 보이지도 않는 괄선을 다시 도입하는 데 앞장서고 있다. 이 기호는 15세기에 처음 사용됐으나 그 후로는 대중의 관심에서 멀어졌다. 초기 인쇄기로는 인쇄가 어려웠던 모양이다. 괄선은 먼저 실행해야 할 연산을 보여주는 괄호와 똑같은 역할을 한다.

$$\overline{60 + 60 \times 0 + 1} = 120 \qquad \overline{\overline{60 + 60 \times 0 + 1}} = 1 \qquad \overline{60 + 60 \times 0 + 1} = 61$$

괄선을 선호하는 사람은 수학자의 관심을 필요한 연산 순서로 자연스럽게 이끄는 멋진 방법이라고 말한다. 괄선을 폄하하는 사람에게는 무너진 도미노처럼 불안정하게 보일 수도 있다(게다가 구텐베르크의 인쇄술 이후로 700여 년이나 지났는데도 워드프로세서 소프트웨어로 작성이 까다롭다).

사실, 우리 수학자가 일상적으로 사용하는 표준 표기법에는 괄선의 후예가 여전히 존재한다. 제곱근 기호는 체크 표시 기호(√)와 비슷하게 생겼다. 9에다 16을 더한 다음, 그 제곱근을 구하면 5가 나온다.

$$\sqrt{9} + 16$$

이렇게 쓰면 분명히 제곱근을 먼저 구하라는 것처럼 보이기 때문에 문제가 있다. BODMAS에는 제곱근이 실질적으로 나타나 있지 않지만, 9에 제곱근 기호를 붙인 계산식은 최종적으로 19라는 결과를 낳는다. 그렇다면 다음 식은 어떤가?

$$\sqrt{(9 + 16)}$$

위의 식은 그 앞의 식보다 전달력이 있고 일부 소프트웨어 패키지에서는 이런 식의 레이아웃이 필요할 수도 있지만, 일반적으로 인정받은 양식은 아니다. 수학자는 누구나 다음과 같은 식으로 나타낸다.

$$\sqrt{9+16}$$

괄호 대신 제곱근 기호에 괄선이 따라붙었다! 위의 식에 제곱근과 괄선, 이렇게 두 개의 기호가 들어 있다는 것을 아는 사람은 많지 않다. 괄선을 되살린다고? 여러분 생각은 어떤가?

#27

$$8 \div 2(2 + 2)$$

이 책을 쓰는 동안 SNS에 유행한 수학 문제는 뭐니 뭐니 해도, 진짜 바이러스[코로나19]가 불러온 수치가 사람 마음을 점령하고 있을 때조차, 인터넷에서 'SNS에서 화제가 된 수학(viral maths)'을 검색하면 나오는 숫자 1이다. 믿음직한 만능 일꾼인 BODMAS 연산 규칙을 위의 문제에 적용한 다음 어떤 결과가 나오는지 살펴보자.

우선은 의심할 여지없이 괄호부터 처리해야 할 것으로 보인다. 괄호 안에서 2를 두 번 더해 4를 얻으면 다음과 같은 식이 된다.

$$8 \div 2(4)$$

8을 '4의 두 묶음'으로 나눈다. 아니면 '8을 2로 나눈 것'이 네 묶음이라고 해야 하나? 문제는 곱셈이나 나눗셈 중에 어느 것이 우선

하는지를 묻고 있지만, BODMAS는 이에 대해 아무런 방향도 제시해주지 않는다. 따라서 이 문제 혹은 이와 비슷한 문제가 인터넷에 유행할 때마다 끊임없이 팽팽하게 두 진영으로 나뉘어 댓글이 달린다. 곱셈이 먼저라는 '곱셈 찬양론자'는 정답으로 1을 얻을 테고, 나눗셈이 먼저라는 '나눗셈 찬양론자'는 정답으로 16을 얻을 것이다.

이 문제는 계산기가 정확한 답을 내주지 않는 것처럼 보이기 때문에 더더욱 분란의 소지가 있다. 구글 검색창에 '8/2(2+2)'를 입력하면 구글은 우리의 요청을 '(8/2)*(2+2)'로 재해석해 16이라는 답을 내준다. 대부분의 계산기는 16을 답으로 내놓지만, 1을 답으로 내놓는 계산기도 있다.

영국 신문 〈인디펜던트〉지 같은 일부 신문에서는 정확한 연산 순서가 1917년에 바뀌었기 때문에 대략 115세 이상인 사람은 이 문

제에 대해 자기보다 어린 상대와는 다른 댓글을 달 권리가 있다는 기사를 싣기도 했다. 나는 위대한 코미디의 비결은 타이밍이라는 얘기를 들은 적은 있지만, 타이밍이 정확한 수학의 비결이라고는 생각하지 않는다! 다행히도 1917년 BODMAS가 바뀌었다는 뉴스는 다소 과장된 면이 있는 듯하다. 그런 보도는 1917년 2월 〈미국 월간 수학〉(재미있는 잡지다)에 실린 몬태나 대학교 N.J. 렌 교수의 '논고: 대수학의 연산 순서에 관하여'라는 제목이 붙은 투고 기사에서 비롯된 것 같다. 여기서는 기사를 자세히 다룰 생각은 없다. 다만 렌 교수는 명확한 우선순위가 없다면 곱셈과 나눗셈을 왼쪽에서 오른쪽으로 실행해야 한다고 고집스럽게 주장했다!

그렇다면 16과 1 중 정답은 어느 쪽일까? 파란색이냐 검은색이냐, 흰색 드레스냐 금색 드레스냐, '야니'냐 '로렐'이냐 하는 사운드 클립(남은 오후 시간을 날릴 준비가 되어 있지 않다면 지금은 찾아보지 않는 것이 좋다)과 마찬가지로 이 문제의 이원성을 두고 논쟁을 벌이는 사람은 끝없이 늘어나고 있다. 2019년 여름, 이 문제를 특종으로 삼은 트윗은 수많은 공유와 댓글을 불러 모으면서 '16 옹호론자'와 '1 옹호론자'의 두 세력으로 팽팽하게 나뉘었다. 이들은 서로를 지칭할 때 종종 도를 넘어서기도 했다.

맙소사, 16이라는 주장은 황당하기 짝이 없군.

정답은 1이야. 16이라고 하는 사람은 수학을 다시 공부해야 해.

난 미적분학, 미분방정식, 선형 대수학, 이렇게 세 과목을 수강했어. 짜식들아, 그건 16이라고!

난 수학을 전공하는 학부 2학년생. 정답은 1.

최종적으로 이 문제를 정리하자면, 정말 둘 중 어느 한쪽 편을 들어주어야 한다면, 다음과 같은 점을 이해할 필요가 있다.

1. 곱셈과 나눗셈, 덧셈과 뺄셈 사이에 분명한 우선순위가 없을 때는 왼쪽에서 오른쪽으로 연산을 해나간다. 이는 렌 교수가 강력하게 주장한 1917년 이전에도 적용되는 이야기였고 지금도 여전히 적용된다. 따라서 문제의 정답은 **16**이다.
2. 고의로 허튼수작을 부리는 형편없는 문제다.

이것만은 확실히 짚고 넘어가자. 유능한 수학자라면 글을 쓸 때 목적이 명확하다. 이 문제는 처음부터 혼동을 주려는 의도가 내포되어 있으므로 1이 아닌 16이라고 답하는 것에 더 자긍심을 가질 필요가 없다. 이는 운동장에서 누군가에게 걸어가 'antidisestablishmentarianism(국교폐지조례반대론)'처럼 긴 단어를 말한 다음 스펠링을 적을 수 있냐고 묻고 나서 즉시 대답을 못 하면 손가락질하며 비웃는 행태와 다를 바 없다. SNS에서 인기를 얻고 성공을 거둔 상당수가 그렇듯이 '좋아요'와 '공유'를 얻는 지름길은 훌륭한 교수법으로 수학을 정확하게 가르치는 대신 대립과 분열을 일으키는 것이다.

문제를 명확히 만들기란 어렵지 않다.

16을 답으로 만들려면 $(8 \div 2) \times (2 + 2)$

1을 답으로 만들려면 $8 \div (2(2 + 2))$

몇 개의 괄호(혹은 괄선)를 신중하게 배치하는 것만으로도 문제를 모호하지 않고 명확하게 만들 수 있다. 그 결과 평생 보거나 만날 일 없는 세계 각국의 낯선 사람에게 모욕적 언사를 퍼붓는 대신, 새로운 언어를 배운다든지 세계의 역사와 정치를 공부한다든지 하는 식으로 온라인에서 영혼을 채우는 유익한 시간을 보낼 수 있다.

이런 문제가 품은 '옳다/틀리다'의 이원성은 매력을 더하는 요인으로 작용하며 고의로 '어그로를 끄는' 온라인 문제를 만들어내는 데 이용될 수 있다. 그중에서도 수학 강사이자 작가인 에드 사우설이 만든 다음 문제는 최고의 즐거움을 선사한다.

#28

다음 문제를 신중하게 풀어보라.

230 − 220 × 0.5

믿지 못하겠지만, 정답은 5!

출처 : 에드 사우설

여기서는 또 무슨 일이 벌어진 걸까? 이제 여러분은 위의 식에 뺄셈과 곱셈의 두 가지 연산이 있으며 곱셈이 우선한다는 정도는 알 만큼 BODMAS 전문가가 되어 있을 것이다.

$$230 - 220 \times 0.5$$
$$= 230 - 110$$
$$= 120$$

그렇다면 존경받는 강사이자 작가는 무엇 때문에 이처럼 다분히 고의로 틀린 수학을 세상에 소개하는 책임을 떠맡은 걸까? 해답은 '믿지 못하겠지만, 정답은 5!' 끝에 있는 작은 감탄부호에 달려 있다.

수학자라면 감탄부호가 실제로 계승(factorial) 연산에 해당하는 수학적 의미를 담고 있다는 사실을 알 것이다. 감탄부호를 숫자 뒤에 붙이면 그 수 이하의 자연수를 모두 곱한다는 의미로, 여러 물품을 늘어놓는 순서의 가짓수를 알려준다. 가령 3! = 3 × 2 × 1이고, 이는 3가지 물품을 늘어놓는 순서가 6가지라는 뜻이다. 물품에 A,

B, C라고 표시해서 가능한 모든 순서 혹은 순열을 빨리 나열해보면 그것이 옳다는 것을 확인할 수 있다.

ABC, ACB, BAC, BCA, CAB, CBA

계승수는 순식간에 커진다. 5!은 겨우 100을 넘지만(5! = 5 × 4 × 3 × 2 × 1 = 120), 10!은 100만을 넘는다(10! = 10 × 9 × ⋯ × 2 × 1 = 3,628,800).

에드가 '믿지 못하겠지만, 정답은 5!'라고 쓴 것은 '정답이 5의 계승, 즉 120'이라는 의미다.

계승수는 놀라운 속도로 커진다. 가령 10!초는 얼마만큼의 시간일까? 계산하기 전에 대충 짐작해보고 싶을 것이다. 으음, 그렇더라도 계산기를 사용해서는 안 된다. 그러면 재미가 없다.

10!초 = 10 × 9 × 8 × 7 × 6 × 5 × 4 × 3 × 2 × 1 초

우선 10 × 6은 60초, 즉 1분임을 알 수 있다. 따라서 단위를 분으로 바꾸면 10 × 6은 1분으로 고칠 수 있다. 게다가 1을 곱하는 것은 아무런 효과가 없으므로 끝에 있는 1은 쓸 필요가 없다.

10!초 = 9 × 8 × 7 × 5 × 4 × 3 × 2 분

위의 식에서 또다시 60을 찾을 수 있다면 분을 시로 바꿀 수 있다. 확실한 후보자는 5 × 4 × 3이다.

10!초 = 9 × 8 × 7 × 2 시간

다음으로 시를 일로 바꾸기 위해 식에서 24를 쫓아낼 필요가 있다. 얼핏 불가능한 것처럼 보이지만 9를 3 × 3으로 대체할 수 있다.

10!초 = 3 × 3 × 8 × 7 × 2 시간

그럼 여기서 24시간으로 바꿀 3 × 8을 찾을 수 있다.

10!초 = 3 × 7 × 2 일

물론 7일은 일주일이므로 다음과 같은 식이 성립한다.

10!초 = 3 × 2 주

10!초는 정확히 6주에 해당하는 시간이다. 그 이상도 이하도 아니다. 이런 이유로 수학 교사들은 11월 13일이 되면 교실 칠판에 '크리스마

스까지 10초!'라고 써둔다.

2006년 즈음 처음으로 교사 연수를 시작했을 때 나는 이처럼 놀라운 보물을 이메일로 받았다. 페이스북이나 트위터로 보낸 사람은 없었다. 아직 그런 SNS가 탄생하지 않았기 때문이다. 실제로 페이스북은 이미 만들어졌지만, 그때는 내가 그런 것에 너무 무관심했다(완전히 무관심한 것은 아니었지만).

계승에 대한 설명을 마치고(여기에는 매우 미묘한 복선이 깔려 있다) 이번 장을 끝내기 전에 재미있는 퍼즐 하나를 소개한다. 연산 순서를 기억하기 바란다! 문제의 정답은 책 뒷부분에 실어놓았다.

#29

1부터 9까지의 자연수를 숫자별로 정확히 3개만 사용해 6을 만들어보라. 예시로 그중 하나는 써두었다. 괄호는 물론 더 많은 수를 사용하지만 않으면 어떤 연산이든 사용할 수 있다(따라서 제곱이나 세제곱은 제외된다).

$$1 \quad 1 \quad 1 = 6$$
$$2 \quad 2 \quad 2 = 6$$
$$3 \quad 3 \quad 3 = 6$$
$$4 \quad 4 \quad 4 = 6$$

5 + 5 ÷ 5 = 6

6   6   6 = 6

7   7   7 = 6

8   8   8 = 6

9   9   9 = 6

추가 도전 문제 :

0   0   0 = 6

5장

나쁜 수학

페이스북이 대수를 만났을 때

이제 여러분이 한 치 앞을 내다볼 수 없는 흙탕물 속에 머리를 박기 일보 직전이라고 미리 경고해야 할 것 같다. 평생에 걸쳐 수학(특히 첫 번째 장의 도입부로 돌아가 학생을 그토록 흥분시킨 기발하면서도 인상적이고 인간의 의식 확장에 도움이 되는 작지만 유용한 수학 정보)을 사랑하고 지지해온 사람으로서 나쁜 수학이 넘쳐나는 인터넷을 마주하는 것보다 속상한 일은 없다.

나쁜 수학이란 정확히 어떤 걸까? 나는 수학처럼 보이지만 실은 수학이 아닌 것은 무엇이든 나쁜 수학이라 정의한다. 수학은 아름답게 구축된 문제를 독창적인 사고로 해결하는 것이다. 수학은 정신과 육체, 영혼을 풍요롭게 한다. 글쎄, 육체는 아닐지도 모르겠다. 모든 것을 가질 수는 없는 법이니까. 바나나 셋과 바나나 넷의 차이를 알아차리지 못한다고 손가락질하고 비웃는 인터넷은 절대 용납할 수 없다. 실질적인 증거는 희박하더라도 인터넷에 올라온 콘텐츠의 90%가 포르노라고 심심할 때마다 거론되던 시절이 있었다. 이제부터는 페이스북에 올라온 수학의 90%가 나쁜 수학이라는, 비슷하게 근거 없는 지적에 관해 얘기해보려고 한다.

본격적인 얘기에 앞서 자리에 앉아 향긋한 차 한 잔 마셔두는 것도 좋을 듯싶다.

#30
카페에서는 차와 커피를 판매한다. 플린은 차 2잔과 커피 3잔을 시키고 9파운드를 냈다. 나디야는 차 1잔과 커피 1잔을 시키고 3.5파운드를 냈다. 차와 커피값은 각각 얼마일까?

나는 다음과 같은 가격 시스템으로 운영되는 카페를 언젠가 갖고 싶다.

"차 한 잔만 주세요."

"알겠습니다."

"음… 그럼 얼마죠?"

"차값을 알려드릴 수는 없지만, 앞의 고객 두 분이 주문하신 것과 그분들이 내신 금액은 말씀드릴 수 있습니다."

아무튼 영국의 초등학생이라면 매우 친숙할 듯싶은 이 문제는 다음과 같은 방식으로 풀 수 있다.

나디야가 주문을 2배로 늘리면 논리적으로는 지급할 금액도 2배로 늘기 때문에 차 2잔과 커피 2잔 값은 7파운드가 될 것이다. 이는 플린의 주문과 아주 비슷하다는 점을 주목하길 바란다. 플린은 나디야보다 커피 1잔만을 더 시켰을 뿐이다. 플린의 주문과 2배로 늘린 나디야의 주문 사이에는 2파운드 차이가 있으니, 이는 커피 1잔 값이 틀림없다. 이제 차 1잔 값을 알아내려면 나디야가 처음에 주문한 차 1잔과 커피 1잔을 생각할 필요가 있다. 이런 식으로 조합한 주문이 3.5파운드이고 커피 1잔 값이 2파운드이므로 차 1잔은 1.5파운드여야 한다.

새삼스럽지만, 이런 풀이는 필요 이상으로 말이 많은 것처럼 느껴지므로 차와 커피값을 각각 c와 t로 나타낼 것이다.

플린: $2t + 3c = 9$
나디야: $t + c = 3.5$

그런 다음 나디야의 주문을 두 배로 늘리면 두 방정식이 좀 더 비슷해지고, 첫 번째 방정식에서 두 번째 방정식을 빼면 다음과 같은 결과를 얻는다.

플린: 2t + 3c = 9

나디야: 2t + 2c = 7

따라서 c = 2

끝으로 이를 나디야의 처음 방정식에 대입하면 t를 찾을 수 있다.

$$t + c = 3.5$$
$$t + 2 = 3.5$$
$$t = 1.5$$

플린의 방정식에 이 값을 대입하면 모든 것이 제대로 돌아가고 있음을 다시 한번 확인할 수 있다.

처음 식에서, 2 × 1.5 + 3 × 2 = 9

위의 식은 수학에서 연립방정식이라고 한다. 플린의 주문만 알거나 나디야의 주문만 아는 것으로는 가격을 결정하기에 불충분하다. 2개의 미지수(차와 커피 가격)가 존재하기 때문에 이들 미지수를 찾아내려면 2개의 방정식(영수증)이 필요하다는 것을 눈여겨볼 필요가 있다. 미지수가 3개면 서로 다른 3개의 방정식이 필요할 것이고, 미지수가 10개면 10개의 방정식이 필요할 것이다(하지만 그것은 컴퓨터를 이용하고 싶을 만큼 따분하고 지루한 과정이다).

연립일차방정식을 푸는 것은 감격할 만큼 즐거운 일이다. 어린 시절 초등학교 수학 선생님에게 수업 시간에 풀 연립방정식을 내달라고 졸랐던 기억이 생생하다. 그렇게 몇 주가 흘렀을까. 마침내 선생님은 짜증 섞인 목소리로 말씀하셨다. "그게 그렇게나 하고 싶으면 너희끼리 만들면 될 게 아니야!" 그래서 우리는 그렇게 했다.

연립방정식 문제는 만들기가 정말 쉽다. 답을 먼저 생각해내고, 거꾸로 문제를 만들 수 있기 때문이다. 가령 차와 커피를 이용해 예제를 만들 때는 가격을 먼저 정한 다음 차와 커피를 서로 다른 방식으로 조합해 두세 가지의 주문을 만든다(그 둘을 서로 다른 방식으로 조합하는 것이 중요하다. 차 1잔과 커피 1잔 값으로 3.50파운드를 내고 차 2잔과 커피 2잔 값으로 7파운드를 냈다고 한다면 실은 2개의 방정식을 제시한 것이 아니다. 두 번째 정보가 첫 번째 정보와 근본적으로 같기 때문이다. 이러면 2개의 미지수가 포함된 1개의 방정식에 갇히고 만다. 이런 조건만으로는 문제를 풀 수 없다). 답을 먼저 만들고 나서 거꾸로 문제를 만들지 않으면 문제를 푸는 사람에게 엄청난 고통과 불행을 안겨줄 수도 있다. 몇 년 전 내가 '연립방정식이 잘못된 경우'라고 부르던 출처 불명의 문제를 소개한다.

개 품평회에 참가하기로 신청한 49마리의 개가 있다. 그중 작은 개가 큰 개보다 36마리 많다. 참가 신청한 작은 개는 몇 마리일까?

작은 개와 큰 개를 각각 x, y로 나타내면 이런 상황을 2장에서와 마찬가지로 한 쌍의 연립방정식으로 만들 수 있다.

$$x + y = 49 \text{ (참가 신청한 개는 모두 49마리)}$$
$$x - y = 36 \text{ (작은 개가 큰 개보다 36마리 많다)}$$

이 두 방정식을 더하면 값이 소거되므로 다음과 같은 식을 얻는다.

$$2x = 85$$
$$x = 42.5$$

맙소사! 개 품평회에 42.5마리의 작은 개와 6.5마리의 큰 개가 참가하는 꼴이 되고 말았다. 이 얼마나 몹쓸 소린가. 내가 연립방정식 문제를 만들 때 잘못되기 힘들다고 말한 것은 잘못되기 어렵다는 뜻이지 불가능하다는 말은 아니었다.

연립방정식을 재빨리 만들어내는 능력은 인디록 뮤지션이 되려 했으나 실패한 나의 과거 전력에서 무척 쓸모가 있었다. 공연장 측이 우리 팀의 연주 예약 사실을 모르는 데다 공연 기획자마저 전화를 받지 않아 노리치에서의 공연이 취소된 적이 있었다. 공연장 측은 우리에게 다른 공연을 제의했고 지역 주민이 불안하지 않도록 챔피언리그 축구 경기가 시작되는 오후 7시 45분 이전에 공연을 마친다는 전제하에 사용료를 받지 않겠다고 했다.

흥미진진한 제안인 것은 분명했지만 우리는 거절하기로 했다. 대신 서둘러 다른 술집으로 떠났다. 거기서 팀원 대부분은 포켓볼에 열중인 손님과 어울리면서 순회공연 취소로 발생한 손실을 메우려고 노력한 반면, 서포트 밴드[메인 밴드의 출연 전에 분위기를 고조시키는 역할을 하는 밴드] 출신의 잭은 자기가 연립방정식을 만들라고 나를 설득했다. 학교를 졸업한 이후로 연립방정식을 풀어본 적이 없던 잭은 내가 수학 교사인 것을 알고는 몇 시간이고 계속 문제를 만들어 달라고 졸랐다. 그러는 사이 우리는 더 많은 빚을 지고 가난으로 내몰린 삶에 슬퍼했다. 그때에도 연립방정식만은 일말의 위안을 주었다.

도전해보자!

1. 공연장 측은 400장의 공연 표를 판매한다. 성인 표는 10파운드이고 아동 표는 8파운드다. 공연장 측은 3900파운드의 수익을 올렸다. 성인 표와 아동 표는 각각 몇 장씩 판매됐을까?

2. 한 여성이 100m 길이의 공항 에스컬레이터를 따라 걷는 데 25초가 걸린다. 그녀가 방향을 바꿔 에스컬레이터를 반대 방향에서 걸으면 즉, '역주행'하면 50초가 걸린다. 그녀가 걷는 속도와 에스컬레이터가 움직이는 속도는 얼마일까?

차와 커피에서부터 연필과 펜에 이르기까지 대표적인 난제가 연립방정식에 있다. 여러분이 최대한 빨리 답을 얻는다면 연립방정식의 효과를 톡톡히 보는 셈이다.

#31
펜 1자루 가격과 연필 1자루 가격을 합치면 1파운드다. 펜은 연필보다 90펜스가 비싸다. 펜 1자루와 연필 1자루 가격은 각각 얼마일까? (1파운드=100펜스)

이처럼 보잘것없어 보이지만 보석처럼 빛나는 문제는 뇌에다 이상한 짓을 하는 것처럼 보인다. 많은 사람이 90펜스와 10펜스라는 답으로 순식간에 기울기 때문이다. 문제에 적힌 90펜스 때문에 뇌는 이것을 정답의 일부로 착각하는지도 모르겠다. '코끼리는 생각하지 마.' (지금 혹시 코끼리를 떠올렸는가?) 실제 정답인 **95펜스와 5펜스**는 머리에 금세 떠오르지 않는다. 뇌는 10펜스의 적절한 배수를 찾기로 결심을 굳힌 듯하다.

하지만 문제를 조금만 더 들여다보면 펜 1자루와 연필 1자루 가격이 각각 a, b인 1쌍의 연립방정식을 세울 수 있다.

$$a + b = 1$$
$$a - b = 0.9$$

이번에는 위의 식과 아래 식을 더하는 것이 가장 좋고 +b와 −b가 소거되므로 다음과 같은 결과를 얻는다.

$$2a = 1.9$$
$$a = 0.95$$

펜 가격을 원래 방정식 중의 하나에 도로 대입하면 다음과 같다.

$$a + b = 1$$
$$0.95 + b = 1$$
$$b = 0.05$$

이 문제에 꼭 대수적으로 접근하라고 권하려는 것은 아니다. 문제를 푸는 즐거움이 대수 때문에 얼마간 사라져버린다는 주장도 있을 수 있다. 나는 다만 미지수와 연관된 각자의 식이 미지수의 개수만큼 존재한다면 문제를 이처럼 대수적으로 풀 수 있다는 것을 보여주었을 뿐이다.

누군가 열세 살인 나에게 전 세계인을 연결하는 네트워크가 세상에 등장할 것이며 주머니 속에 든 작은 기기로 불과 몇 초 만에 정보에 접근하는 게 가능할 뿐만 아니라 이런 플랫폼을 이용해 다른 이들과 연립방정식을 공유할 수 있다는 얘기를 들려주었다면 뛸 듯이 기뻤을 것이다. 인터넷 동호회가 약속해주는 것 이상 아니겠는가! 하지만 흔히 그렇듯 현실은 훨씬 좋지 않다. 자, 이젠 페이스북의 과일 방정식을 다룰 때가 됐다.

놀랍게도, 연립방정식을 소재로 한 수학 마술도 있다. 이 문제를 처음 접했을 때는 머리가 떨어져 나가는 것만 같았다.

가령 2씩 늘어나는 수, 예를 들면 3, 5, 7로 이루어진 방정식과 3씩 줄어드는 수, 예를 들면 10, 7, 4로 이루어진 방정식이 있다. 연립방정식으로 바꾸어보면, 3x + 5y = 7과 10x + 7y = 4가 된다.

이제 위에서 만든 방정식을 풀어보자. 계수가 어떤 수이든 항상 똑같은 답이 나온다!

(이 식의 작동 원리를 보이는 것은 성가시기는 하지만 재미가 있으므로 책의 뒷부분에 실어두었다.)

#32

(출처 미상)

세 미지수에 해당하는 사과, 바나나, 체리가 있다. 그리고 이들 미지수를 이어주는 세 개의 방정식도 있다. 그중 어느 것도 근본적으로 같은 방정식이 아니므로 사과, 바나나, 체리의 값을 알아내는 데 필요한 정보는 충분하다. 다음으로 a, b, c값을 결합한 네 번째 줄이 나온다. 또 다시 대수로 빠지고 말았지만, 퍼즐 애호가라면 이쪽이 더 편할 것이다.

여기에 연관된 수학은 최근에 살펴본 예제보다 훨씬 쉬워서 풀기 괜찮을 것이다. 일단 가장 윗줄에서 바나나 1개 값이 15이고, 다음 줄에서는 체리 1쌍 값이 10이니까 개당 5임을 알 수 있다. 마찬가지로 사과 1개 값은 4다. 여러분이라면 마지막 줄의 물음표에 어떤 수를 써넣겠는가?

'80'을 답으로 쓰고 싶다면 94쪽으로 돌아갈 필요가 있다.

'35'를 답으로 쓰고 싶다면 계속 읽어나가도 좋다.

하지만 여러분은 함정에 빠지지 않았으리라 믿는다. 앞에서 BODMAS/BIDMAS/PEMDAS 같은 연산 순서 규칙을 살펴보면서 곱셈이 우선순위를 갖고 있다는 사실을 알게 됐다. 따라서 다음과 같은 식을 얻는다.

$$b + c \times a = 15 + 5 \times 4 = 35$$

"이 식에서 뭐가 그리 마음에 안 드는 거야?" 이렇게 묻는 사람도 있을지 모르겠다. 공정하게 말하면, 그리 나쁘지 않다. 근본적으로 잘 꾸민 연산 순서에 관한 문제인 것이다. 그럼에도 이 문제는 이제 살펴볼 페이스북의 과일 문제 가운데 왕초보 수준에 속한다.

#33

$$🍎 + 🍎 + 🍎 = 30$$

$$🍎 + 🍌 + 🍌 = 18$$

$$🍌 - 🥥 = 2$$

$$🥥 + 🍎 + 🍌 = ??$$

이 문제는 괜찮아 보인다. 첫 번째 줄은 사과 1개 값이 10임을 명백히 보여준다. 이를 이용하면 두 번째 줄에서 바나나 1송이의 값은 4가 될 수밖에 없다. 세 번째 줄에서 코코넛 한 개 값이 2가 되므로 코코넛+사과+바나나=16이라는 사실을 금세 알 수 있다. 쉽군! 그런데 틀렸다!

어디서 틀린 걸까? 자세히 들여다보면 두 번째 줄과 세 번째 줄에 있는 바나나는 4개가 1송이를 이루고 있다. 하지만 마지막 줄에 있는 바나나 송이는 3개의 바나나로 이루어져 있다. 바나나를 낱개로 볼 때 1개 값은 1이 되고 마지막 줄의 덧셈은 코코넛+사과+3개의 바나나가 된다. 나는 이런 것을 나쁜 수학이라 부른다. 이것은 수학 문제가 아니라 네 번째 줄에서 문제의 바나나를 제대로 알아보지 못한 사람을 지적하고 비웃을 목적의 문제에 불과하다. 유감스럽게도 우리가 지금까지 다룬 문제는 수박 겉핥기에 불과하다.

#34

(출처 미상)

이번에는 선택지가 주어진다.

A) 135 B) 51 C) 39 D) 38

그럼 시작해볼까? 바나나가 몇 송이 있다. 엉큼하게도 바나나 속 임수가 있지 않을까 하는 의심을 해볼 만하고 실제로 그런 것처럼 보인다. 두 번째 줄과 세 번째 줄에 있는 바나나는 송이마다 4개의 바나나로 이루어져 있지만, 마지막 줄의 바나나 송이는 3개의 바나나로 이루어져 있다. 게다가 마지막 줄에서는 BODMAS 규칙이 적용될 테지만, 이쯤 되면 경험이 워낙에 풍부해서 그것 때문에 틀릴 염려는 없다.

첫 번째 줄에서는 각 도형의 값이 15이고 두 번째 줄에서는 바나나 4개로 이루어진 바나나 한 송이의 값이 4, 즉 바나나 1개 값은 1

임을 알 수 있다. 지금까지는 그런대로 괜찮다. 4개의 바나나에 두 2개의 시계를 더해 10이니 시계 하나의 값은 3인 셈이다. 따라서 (도형을 a로 나타내) 다음과 같은 식으로 마무리 지을 수 있다.

$$c + 3b + 3b \times a = 3 + 3 + 3 \times 15 = 3 + 3 + 45 = 51$$

틀렸다! 아이고 맙소사. 여러분은 마지막 줄에 있는 도형이 다른 줄에 있는 도형과 다르다는 사실을 알아차렸을 수도 있다. 음, 뭔가 빠졌는데. 자세히 들여다보면 첫 번째 줄과 두 번째 줄의 도형은 6각형 안에 5각형, 5각형 안에 4각형이 들어있다. 그런데 마지막 줄은 6각형 안에 5각형만 놓여 있다. 여기까지 읽어오는 동안 인내심을 잃기 시작했다면 나도 여러분의 심정을 이해한다. 그렇더라도 조금만 더 인내심을 발휘해주기를 바란다.

4각형−5각형−6각형으로 이루어진 도형 값은 15다. 그런데 이 도형에는 본래부터 15가 될 수밖에 없는 무언가가 존재하는 것 같지 않은가? 정말 그렇다. 4각형, 5각형, 6각형의 모든 변의 개수는 15개다. 결국, 여러 도형을 합성해서 만든 형태의 규칙은 모든 변의 개수를 합치는 것이다. 마지막 줄에 있는 도형은 모두 11개의 변을 갖고 있다. 따라서 다음과 같은 식으로 나타낼 수 있다.

$$3 + 3 + 3 \times 11 = 3 + 3 + 33 = 39$$

그런데 이것도 아니라는 것! 이제 두 손 두 발 다 들었다. 이번에는 또 뭐야? 관찰력이 '뛰어난' 독자라면 시계가 모두 같지 않다는 것을 눈치챘을 것이다. 위의 두 시계는 3시를 가리키고 있지만, 마지막 줄의 시계는 2시를 가리키고 있다. 시계와 관련된 규칙은 시침이 가리키는 시간인 듯하다. 이를 다시 식으로 나타내면 다음과 같다.

$$2 + 3 + 3 \times 11 = 2 + 3 + 33 = 38$$

내 생각에는 이것이 처음에 의도한 답인 것 같지만, 솔직히 그게 무슨 상관이란 말인가? 사실 이 문제를 처음 봤을 때 얼굴이 화끈거렸다. 즐거움, 흥미진진함, 불꽃 튀는 번뜩임은 대체 어디에 있는 거지? 우리 이모가 이런 스레드에 나를 태그하면 나는 거기서 수천 개의 공유와 댓글이 달리는 걸 목격한다. 그때마다 내 수학적 영혼은 조금씩 사그라지는 것만 같다. 여기서 우리가 실제로 얻고자 하는 것은 무엇인가? 기초 연산을 능숙하게 해내고 2시와 3시를 가리키는 시계의 차이를 한눈에 알아보는 사람이 있는지 궁금한 건가? 앞으로는 학생들이 제출한 영국 대학 입학 지원서에서 대수와 미적분 능력뿐만 아니라 세 개와 네 개로 그려진 이모티콘 바나나의 차이를 재빨리 알아보는 능력도 확인해야 할까?

나는 (이 책을 준비하는 과정에서 수도 없이 접한) 이런 문제가 나쁜 수학 중에서도 최악이라고 생각한다. 6각형 안에 5각형, 5각형 안에 4각형처럼 정말 근사한 수학을 만들 수 있는데도 비열하게 그것을 미끼로 이용했기 때문이다.

이 문제를 더는 붙잡고 싶은 생각도 없지만, 시계 문자판은 내 심기를 특히나 불편하게 했다. 위의 문제를 찾아낸 이후 나는 더 많이 검색해 다음 문제처럼 끔찍하게도 시계를 소재로 한 나쁜 수학 문제의 하위 장르를 전부 찾아냈다.

#35

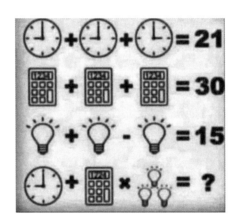

(출처 미상)

순진한 퍼즐 애호가가 첫 번째 줄을 본 다음 시계 하나의 값이 7임을 알아낸다. 틀렸다! 첫 번째 줄에 있는 시계는 모두 같지 않다. (내키지 않더라도) 조금만 주의를 기울이면 두 개의 시계는 9시를 가리키고 있고 나머지 하나는 3시를 가리키고 있다. 따라서 9 + 9 + 3 = 21이다. 하지만 이들 시계는 숫자판에 눈금이 열두 개가 아니라 여덟 개뿐이다! 시계는 실제로 3시와 9시가 아니라 여덟 칸을 근거로 2시와 6시를 가리키는 셈이다. 몇몇 국가에서는 시간을 십진법, 특히 18세기 후반 혁명 기간 중의 프랑스는 하루를 24시간이 아닌 10시간으로 쪼개려고 시도했으나(궁금한 사람들을 위해 덧붙이자면, 하루를 10시간으로 쪼개고 한 시간을 100분으로 쪼개고 1분을 100초로 쪼갰다. 어쨌든 이런 시도는 제대로 자리 잡지 못했다) 내가 알기로는 시간을 8진법으로 바꾸려고 시도한 문화나 문명은 이제껏 없었다. 이처럼 말도 안 되는 문제를 어떻게 해야 할까?

문제의 남은 부분은 마무리할 마음이 영 내키지 않는다. 똑같아 보이는 계산기는 실제로 대표적인 계산기 캐논 AS−120 모델과 카시오 CA−53 모델을 만화처럼 그린 것이고 이들 숫자는 어떻게든 방정식으로 교체돼야 한다는 생각이 든다. 다시 한번 얘기하지만, 솔직히 누가 이런 것에 신경이나 쓰겠는가?

좋다. 굳이 알고 싶다면 어쩌겠는가. 나는 의도했던 답이 414라고 생각한다. 첫 번째 줄: 9 + 9 + 3 = 21. 두 번째 줄: 계산기마다 1234가 찍혀 있다. 1, 2, 3, 4를 모두 더하면 10이다. 10 + 10 + 10 = 30. 세 번째 줄: 전구=15. 네 번째 줄: 계산기에는 1234가 아니라 1224로 찍혀 있다! 따라서 9 + 9 × 45 = 414. 휴우, 이젠 나가서 샤워나 좀 해야겠다. [조심스럽게 333이 답이 아닐까 한다. 세 번째 줄

전구의 빛줄기는 5개이지만, 네 번째 줄 빛줄기는 4개다! 빛줄기 하나당 3, 그러니까 9 + 9 × 36 = 333.]

간혹 적절한 이모티콘 방정식을 만들려는 진심 어린 노력이 뜻밖에 재미있으면서도 (좋은 의미에서) 도전 의식을 불러일으키는 수학을 끌어낼 수도 있다.

#36

출처 : 트위터/CBeebiesHQ

이 문제는 영국 BBC가 운영하는 미취학 아동 대상 TV 채널인 씨비비스(CBeebies)에서 공개된 것인데 애플트리 하우스라는 프로그램을 홍보하느라 SNS 채널에 공유됐다. 다른 무엇보다 나 역시 씨비비스의 열혈팬이라는 점을 밝히고 넘어가야겠다. 이 채널은 다양한 양질의 교육 프로그램을 제공하고 있다.

그럼 이제 이 문제를 분석해보기로 할까. 무엇보다 이모티콘을 이용한 얕은 속임수는 어디에도 없는 듯하다. 나무는 나무고 집은 집일 뿐이다. 맞는 말이다. 마지막 줄에는 곱셈과 뺄셈이 있어서 신중한 결정을 내려야 하겠지만, 곱셈이 뺄셈보다 왼쪽에 있으므로 BODMAS의 연산 규칙을 모른다손 쳐도 이 역시 문제될 것이 없다. 실제로 이 모든 상황은 사악함과는 거리가 먼 것 같고 순진하다고까지 할 수도 있겠다.

어쩌면 약간 지나칠 정도로 순진한 듯하다. 이 문제가 일반적인 이모티콘을 이용하는 수학 문제의 원형에서 벗어난 주요한 부분이 눈에 띈다. 세 줄로만 되어 있고 위의 두 줄은 방정식을 이룬다. 미지수는 셋(사과, 집, 나무)이지만 방정식은 둘뿐이어서 퍼즐을 풀기에는 정보가 충분치 않다. 아니, 그보다는 '유일한' 답을 찾을 만한 정보가 충분치 않다고 해야 할 것이다. 대신에 우리는 가능한 모든 답을 찾을 수 있다. 댓글에서 가장 인기 있는 반응은 사과, 집, 나무가 각각 1, 10, 15이기 때문에 최종적인 답은 14라는 것이었다. 그런데 누군가는 사과가 13, 집이 2, 나무가 11이므로 답이 130이라고 주장했고 이 또한 유효한 것 같다. 둘 중에 어느 것이 맞을까? 둘 다 맞는다면 가능한 답은 얼마나 더 있을까? 이쯤에서 잠시 차와 커피 예문으로 돌아가도 괜찮을까?

카페에서는 차와 커피를 판매한다. 플린은 차 2잔과 커피 3잔을 시키고 9파운드를 냈다. 나디야는 차 1잔과 커피 1잔을 시키고 3.50파운드를 냈

다. 차와 커피값은 각각 얼마일까?

플린: 2t + 3c = 9
나디야: t + c = 3.5

플린과 나디야가 각자 문제를 풀려 했다면 차와 커피값으로 가능한 모든 경우를 생각해보려고 노력했을 것이다. 가령 나디야는 자신이 주문한 내용을 통해 찻값은 1파운드이고 커피값은 2.50파운드이거나 찻값은 2파운드이고 커피값은 1.50파운드라고 추측할 수도 있다. 아니면 긴 문장으로 이 모두를 쓰는 것에 싫증을 느껴 다음과 같은 표로 간단히 나타낼 수도 있다.

찻값	커피값	합계(2t+3c)
1.00파운드	2.50파운드	3.50파운드
2.00파운드	1.50파운드	3.50파운드
3.00파운드	0.50파운드	3.50파운드

플린 역시 영수증을 보며 비슷한 작업을 하고 있을지 모른다.

찻값	커피값	합계(t+c)
0.75파운드	2.50파운드	9.00파운드

1.50파운드	2.00파운드	9.00파운드
2.25파운드	1.50파운드	9.00파운드

하지만 둘 중 누구도 상대방의 영수증과 비교해보지 않고는 주문한 차와 커피의 가격을 알아낼 수 없다. 나디야와 플린이 각자 자신이 작성한 표의 수를 그래프 위에 점으로 표시한다면 다음과 같은 결과를 얻게 될 것이다.

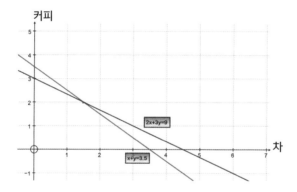

여기서 한 그래프는 나디야의 영수증을 만족하는 모든 찻값과 커피값을 나타내고 다른 한 그래프는 플린의 영수증을 만족하는 모든 찻값과 커피값을 나타낸다. 두 직선 모두에 놓인 점은 한 개뿐이고 바로 그것이 우리가 찾는 답이다. 즉, 찻값은 1.50파운드이고 커피값은 2.00파운드다. 이제 씨비비스로 돌아가보자.

출처 : 트위터/CBeebiesHQ

여기에는 3개의 미지수를 연결하는 2개의 방정식이 있다. 따라서 사과, 나무, 집을 나타낼 축이 필요하다. 우리는 2차원이 아닌 3차원에서 살아간다. 따라서 각각의 씨비비스 방정식을 만족하는 점들의 집합은 직선이 아닌 평면이 될 것이다. 말하자면, 어느 방향으로든 끊임없이 뻗어나갈 수 있는 무한하고 평평한 종이처럼 엄청나게 큰 3차원의 답지인 셈이다. 문제에는 2개의 방정식만 명시돼 있으므로 자연히 두 평면이 만나는 지점에 관심이 생긴다. 두 평면이 어떻게 만나는지 상상하려면 여러분이 지금 보고 있는 책을 그저 바라보기만 하면 된다. 왼쪽 페이지와 오른쪽 페이지는 모두 평면이고 두 평면은 책등으로 불리는 선을 따라 만나고 있다. 정의에 따라 책등은 책의 두 페이지가 만나는 선이다. 한 페이지는 첫 번째 씨비비스 방정식을 나타내고 다른 페이지는 두 번째 방정식을 나타낸다. 따라서 두 방정식을 모두 만족하는 사과, 나무, 집의 값을 나타내는 점들이 무한히 긴 직선으로 존재한다.

여기서 나무는 여러분이 원하는 어떤 값이든 될 수 있다. 그럼 집은 나무 2그루 값에서 20을 뺀 차가 될 것이고, 사과는 46에서 나무 3그루 값을 뺀 차가 될 것이다(계산 과정은 책의 뒷부분에 실어두었다).

$$(a, h, t) = (46 - 3t, 2t-20, t)$$

따라서 가령 나무 한 그루 값이 15라면 사과는 1, 집은 10을 값으로 얻어 최종적인 답은 14가 될 것이다. 또 나무 한 그루 값이 10이라면 사과는 16, 집은 0을 값으로 얻어 최종적인 답은 144가 될 것이다. 앞의 두 방정식을 만족하는 값은 무한히 많으므로 이런 구절을 무한정 늘어놓을 수도 있지만, 허용된 단어 수를 넘어선다고 출판사에서 제동을 걸 것이다.

이는 마지막 줄 사과나무−사과의 값은 여러분이 원하는 어떤 값이든 될 수 있다는 의미다. 실제로 154.083 이상의 값은 만들 수 없지만, 그 밖의 다른 수는 가능하다. 만약 여러분이 이 문제의 특별한 한 가지 답을 간절히 원했다면 유감이다. 그나마 다행인 것은 **154.083보다 작은 값은 얼마든지** 떠올릴 수 있고 정답으로 당당히 주장할 수 있다는 사실이다. 이 모두를 설명해줄 수학은 책의 뒷부분에 실어두었다. 하지만 그것은 대학 입학을 위한 수학 수업에서조차 족히 30분 정도는 바쁘게 진행해야 할 수준이므로 바나나가

셋이냐 넷이냐를 따지는 이모티콘 문제를 모두 합쳐놓은 것보다 훨씬 높은 수준의 수학적 경험이 틀림없다. 적어도 아직 학교에서 노골적으로 나쁜 수학을 가르치고 있지는 않다.

#37

$$😀 + 😀 + 😀 = 27$$
$$🤩 + 😀 \times 🤩 = 80$$
$$🤩 + 🤩 \times 😖 = 48$$
$$🤩😀 + 😖 \times 😀😀 = ?$$

여기서는 마지막 줄에 엉큼하게 숨어 있는 이모티콘처럼 나쁜 수학이 보여주는 다양한 특징을 살펴본다. 어쨌든 여러분이 여전히 관심을 보인다는 전제하에 나는 문제에서 의도한 답이 106이라는 생각이 든다. (첫 번째 줄: 웃는 얼굴 = 9. 두 번째 줄: 별 모양 얼굴 + 9개의 별 모양 얼굴 = 80, 그러므로 별 모양 얼굴 = 8. 세 번째 줄: 8 + 8개의 찡그린 얼굴 = 48, 8개의 찡그린 얼굴 = 40, 찡그린 얼굴 = 5. 마지막 줄: 2개의 별 모양 얼굴 = 16, 찡그린 얼굴 = 5, 2개의 웃는 얼굴 = 18. 16 + 5 × 18 = 106) 내가 이 문제에 매력을 느끼는 이유는 초등학교 5학년에서 6학년으로 올라가는 열 살 아이에게 내준 숙제이기 때문이다. 이런 문제를 매우 재미있다고 여기는 사람도 있겠지만(여러분은 내가 이런 사람 중 하나가 아님을 눈치챘을 것이다) 긴 여름방학 동안 집에서 쉬는 아이에게 내주기에는 논란의 여지가 많은 문제라는 생각이 든다.

첫째로, 연산 순서에 대한 교육은 초등학교에서 이루어지지만, 그것은 지난 장에서 간략히 논의한 미묘한 차이 때문에 열 살 아이에게는 매우 어려운 개념이며 수학에 자신이 없는 학부모라면 분명 고심할 수도 있다. 이런 문제를 여름방학 숙제로 내준 것은 굉장히 위험해 보인다.

둘째로, 마지막 줄에 숨은 이모티콘에는 '그렇구나' 하는 측면이 있지만, 그렇다고 해서 아이들이 배웠으면 하는 수학적 개념을 다 표현한 건 아니다. 논리적 추론과 추상적 개념이 지닌 아름다움이 이런 문제에는 완전히 빠져 있다. 이들 이모티콘을 이용한 나쁜 수학 문제는 최악의 경우 수학의 체면을 구기기까지 한다. 이런 문제로 수학을 가르치는 건 경찰 드라마를 보여주며 신임 경찰을 훈련하는 꼴이다. 나는 아무런 추가 정보 없이 다음과 같은 퍼즐을 저학년 수학 수업에 넣어둔 것에 훨씬 더 분통이 터졌다.

#38

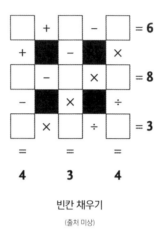

빈칸 채우기
(출처 미상)

이런 문제는 상당히 인기가 많아 주요 일간지의 퍼즐 코너에서 흔히 볼 수 있다. 유감스럽지만, 몇 가지 중요한 정보가 빠져 있다. 우선, 이런 퍼즐은 9칸으로 돼 있으며 대개는 1부터 9까지의 숫자를 한 번씩만 채워야 한다. 다음으로는 왼쪽에서 오른쪽으로(혹은 위에서 아래로) 계산해나갈지 아니면 BODMAS 연산 규칙을 따라야 할지를 아는 것이 무엇보다 중요하다.

이런 상황에서는 둘 중 어느 쪽도 다른 쪽보다 낫다고 할 수 없다. 이것은 퍼즐일 뿐이고 나름의 규칙을 만드는 것이 전적으로 허용되기 때문이다. 그래도 규칙이 무엇인지를 아는 것은 중요하다.

이 문제는 신문이나 퍼즐책에서 가져온 것이다. 따라서 1부터 9까지의 숫자를 한 번씩만 채워야 하는 규칙을 고려해야 한다. 그렇다면 일반적인 BODMAS 연산 규칙을 따르는 것만으로는 퍼즐을 완성할 수 없을 것이다. 가운뎃줄을 보자. 무언가를 빼서 답인 8을 얻으려면 달리 방법이 없기에 중앙 가로줄 제일 왼쪽 자리에는 9가 필요하다. 제일 왼쪽 자리에 9가 들어간다면 남아 있는 유일한 선택은 남은 두 자리에 1이 들어가 9 − 1 × 1 = 8이 되는 것뿐이다. 그런데 이는 1부터 9까지의 숫자를 한 번씩만 사용한다는 규칙에 어긋난다. 따라서 BODMAS 연산 규칙을 버리고 왼쪽에서 오른쪽 혹은 위에서 아래로 연산한다고 짐작된다.

나는 이리저리 머리를 굴린 끝에 10분쯤 지나 가능한 9개의 숫자 배열을 찾아낼 수 있다. 이 문제에서 나는 나를 위해 게임 규칙을 찾았다. 내가 얻은 해답은 책의 뒷부분에서 찾아볼 수 있다. 하지만 평균적인 열 살 아이나 학부모가 이런 풀이에 인내심을 보일지는 미지수이고 반드시 그래야 하는 것도 아니다! 다시 한번 말하지만, 문맥이 가장 중요하다고 할 수 있다. 이 문제는 규칙이 분명하게 제시됐다면 훌륭한 퍼즐이지만, 자세한 설명도 없는 과제로는 학생과 학부모에게 좌절감과 반감만 불러일으켜 수학에 대한 나쁜 인상을 오랫동안 남길 우려가 있다.

이번 장에서 살펴본 이모티콘 방정식이 워낙에 잘 정립돼 있어서 색다른 규칙으로 운용되는 이모티콘 퍼즐은 상당히 어색할 수 있다.

#39

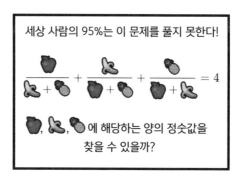

이 문제에 시간을 너무 많이 뺏기기 전에 규칙을 완화해 음수를 허용하는 것이 좋겠다. 답에 음수가 포함되면 곤란하지만 양의 정수로만 된 답을 찾기란… 음, 이 문제는 잠시 뒤에 살펴볼 예정이다. 다만 지금은 매우 어렵다는 정도만 짚고 넘어가자.

세 가지 과일 중 적어도 하나를 음수로 나타낼 수 있다면 시행착오를 거쳐 문제의 해답을 얻을 수 있다. 사실 그런 조정을 하는 데만도 족히 몇 시간은 걸렸다. 처음에 나는 세 개의 닮은꼴 분모를 만들어낼 수의 집합을 이용하려고 했으나 혼신의 노력에도 그런 식의 접근은 아무런 성과가 없었다(미안하다).

다음으로 4라는 답이 나오기를 기대하면서 −20부터 20 사이에 있는 세 개의 정수를 임의로 뽑아 그 값을 방정식에 넣고 돌려볼 스프레드시트를 만들었다. 700번가량 시도한 끝에(불과 몇 초밖에 걸리

지 않았다) **4, 11, −1**로 이루어진 해집합을 찾아낼 수 있었다. 날아
갈 듯이 기뻤다(정말 미안하다).

만약 내가 스프레드시트를 이용해 양의 정수로만 이루어진 해집
합을 찾으려고 했다면 시간을 좀 더 오래 끌었을지도 모르겠다. 사
실 가장 작은 양의 정수로 이루어진 해집합조차 80자릿수 이상의
세 수가 필요하다.

사과 = 15447680210874616644195131501991983748566432
5669565431700026634898253202035277999

바나나 = 368751317941299998271978115652254748254929
7996897197099628313747163722463405559

파인애플 = 4373612677928697257861252602371390152816
5375581616136186214379933784234677772036

어떤 컴퓨터 패키지도 세 개의 정수로 이루어진 모든 집합을 대
입해보는 '무차별 대입'을 통해 위의 값에 이를 수는 없다. 그렇게
시간이 충분하지 않다. 그렇다면 어떻게 그 값을 찾아냈을까?

이 문제는 정수해를 필요로 하기 때문에 정수론으로 알려진 수학
분야에 해당한다. 확실히 정수만을 포함한 수학이 훨씬 쉽지 않을
까? 무수히 많은 끔찍한 분수와 소수는 걱정하지 않아도 된다! 불
행하게도 수학 전공자인 나는 정수론의 범위가 '상당히 어려운' 수

준에서부터 '애간장을 녹일 만큼 끔찍하면서도 온종일 기분 나쁠 정도로 어려운' 수준에까지 이른다는 사실을 확인해줄 수 있다.

처음에 소개한 문제의 해법을 보여줄 생각은 눈곱만큼도 없다. 설령 시도한다고 해도 할 수 없을 것이다. 다만 모든 분모를 양변에 곱해야겠다는 직감이 든다면 여러분이 길을 제대로 들어섰다는 얘기를 하고 싶을 뿐이다.

$$\frac{a}{b+c} + \frac{b}{a+c} + \frac{c}{a+b} = 4$$

$$a(a+c)(a+b) + b(b+c)(a+b) + c(b+c)(a+c) = 4(a+c)(a+c)(a+b)$$

유감스럽게도, 바로 이 시점에서 여러분은 3차 디오판토스 방정식[정수를 계수로 갖고 정수로 된 해만을 허용하는 부정방정식], 다시 말해 고통의 세계로 들어섰다. 여기서 더 궁금한 사람들을 위해 수학자 아밋은 온라인에 이를 훌륭하게 요약해놓았다(www.quora.com/How-do-you-find-the-positive-integer-solutions-to-frac-x-y+z-+-frac-y-z+x-+-frac-z-x+y-4. 이 기사를 강력히 추천하고 싶지만, 그러려면 상당히 엄밀한 고급 수학에 기반을 두어야 한다). 아밋은 '95%'라는 낚시성 제목의 정확도도 약간 손을 보았다. 과연 일반적인 대중의 5%가 3차 디오판토스 방정식을 알기나 할까? 물론 그렇지 않다. 아밋의 글을 직접 인용하면, "거의 99.999995%의 사람들은 그것을 풀 가능성이 없다. 정수론을 연구하지 않는 명문대학 출신의 상당수 수학자도 여기에 포함된다. 그것을 풀 수는 있겠지만, 정말이지 무진장 어렵다."

팩트 체크!

이에 대한 부연 설명을 조금이라도 하지 않을 수 없다. 영국 대학 평가기관인 타임즈 고등교육의 세계 대학 순위에는 1400곳의 명문대학이 올라와 있다. 그런 대학마다 이 문제를 너끈히 해결할 만한 정수론 전문가가 5명씩이라고 해보자. 그렇다면 (아주 대략!) 70억 가운데 7000명이라고 할 수 있으니, 문자 그대로 100만분의 1의 확률을 가진 문제인 것이다. 다시 말해 99.9999%의 사람들은 이 문제를 풀지 못한다. 아밋은 전 세계를 통틀어 이 문제를 풀 정도로 정수론에 능통한 수학자가 훨씬 적다고 보는 듯하다. 어느 쪽이 됐든 세계 인구의 5%보다 현저히 적다는 점만은 분명하다. 어느 레딧[소셜 뉴스 웹사이트] 사용자의 말대로, '세상 사람의 95%가 이 문제를 풀지 못한다고 하는 것은 세상 사람의 95%가 고층 건물을 뛰어넘지 못한다고 하는 것과 같다.'

사실 이 문제는 레딧의 메인 페이지에 올라온 '과일로 된 수학 문제'라는 게시글에서 처음 시작된 것으로 보인다. 레딧의 정말로 어려운 수학 문제는 변수를 과일 이모티콘으로 바꾸고 '세상 사람의

95%는 이 문제를 풀지 못한다!'처럼 대개 날조된 낚싯글을 갖다 붙여 페이스북 사용자들에게 친밀감을 주도록 재구성된다. 이처럼 특이한 문제는 스코틀랜드의 수학자 앨런 맥러드가 심오하게 어려운 수학에 관해 2014년에 발표한 논문에서 비롯되었다. 장난기 많은 일부 사용자는 변수를 과일로 바꿔치기 했고, 그 결과 더 많은 독자를 확보할 수 있었다. '과일로 된 수학 문제'가 게시된 페이지에서 주옥같은 문제를 하나 더 소개한다.

#40

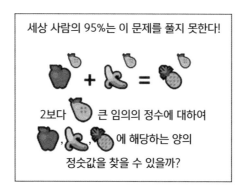

출처 : r/MathWithFruits

이런 종류의 문제에 익숙지 않은 사람을 위해 다시 한번 조금이나마 부연 설명을 해본다. 라임을 2로 두면 문제는 본질적으로 다음 식을 만족하는 x, y, z를 찾고 있는 셈이다.

$$x^2 + y^2 = z^2$$

여러분이 받은 수학 교육을 통해 이 식이 '피타고라스 정리'라는 것을 알았을 것이다. 이 식은 실제로 어떤 정수해를 갖는다.

$$3^2 + 4^2 = 5^2 \qquad (9 + 16 = 25)$$
$$5^2 + 12^2 = 13^2 \qquad (25 + 144 = 169)$$
$$7^2 + 24^2 = 25^2 \qquad (49 + 576 = 625)$$

사실 이 식은 이보다 많은 해를 갖지만, 여기에 모든 해를 열거할 생각은 없다. 라임을 2 대신 3으로 바꾸더라도 정수해가 존재할까?

$$x^3 + y^3 = z^3$$

위의 식에 가까운 예를 하나 들어보자.

$$6^3 + 8^3 = 9^3 \quad (216 + 512 = 728, 9^3 = 729다.)$$

하지만 이보다 더 나은 예를 찾느라 시간 낭비를 할 생각은 없다. 앞으로 얻게 될 값 중에서 가장 가까운 값이기 때문이다. 라임이 4, 5, 6 혹은 그보다 큰 정수를 나타낸다면 조건을 만족하는 x, y, z를 찾기란 불가능하다. 바로 여기에서 기를 죽이는 얘기를 해볼까? 이것은 페르마의 마지막 정리로 알려진, 오랫동안 수학에서 가장 악명 높은 문제였다.

수학자들은 2보다 큰 임의의 지수에 대해서는 조건식을 만족하는 x, y, z 값이 존재하지 않는다고 생각했고, 1637년 피에르 드 페르마는 증명 없이 처음으로 이를 서술했다. 이 식은 1995년 앤드루 와일즈에 의해 마침내 증명되었다. 페르마의 추측이 세상에 나온 이후 그때까지 태어나고 죽은 사람이 200억 가까이 된다. 와일즈는 증명을 완성할 때 리처드 테일러로부터 상당한 도움을 받았다. 그러니 200억 명 중에 2명이 이 문제를 풀 수 있었다고 해야 하지 않을까. 아니면 페이스북에서 흔히 볼 수 있는 과일로 된 수학 문제의 어투를 빌려 '세상 사람의 99.99999999%는 이 문제를 풀 수 없다!'라고 할까?

온전한 정신을 되찾으려면 이제 과일 이모티콘과 작별해야 한다.

#41

$$2 + 3 = 10$$

$$8 + 4 = 96$$

$$7 + 2 = 63$$

$$6 + 5 = 66$$

$$9 + 5 = ???$$

(출처 미상)

이런 퍼즐 장르 역시 썩 좋다고는 할 수 없지만, 앞에서 다룬 유형보다는 확실히 문제가 덜하다.

학생에게 함수의 개념을 소개할 때 나는 종종 이런 식의 게임을 한다. 함수는 한 개 혹은 여러 개의 입력값에 대해 하나의 출력값을 내놓는다. 가령 위의 경우에서 입력값이 2와 3이면 출력값은 10이다. 나는 학생들에게 입력값을 던지라고 한 다음 그에 맞는 출력값을 내놓는다. 학생들은 내가 게임에 적용한 '규칙'이 무엇인지 추측할 수 있을 때까지 충분히 많은 값을 시험해볼 수 있다.

위의 문제를 풀려면 어떻게 해야 할까? 내 경우는 출력값이 모두 '합성수', 즉 두 수의 곱으로 나타낼 수 있는 수라는 점이 눈에 들어왔다. 10은 2와 5의 곱이고 그 수가 나온 2와 3에 관련이 있을 수도 있다. 96은 두 수의 곱으로 다양하게 나타낼 수 있으므로 우선은 그냥 넘어가려 한다. 63은 7 × 9이고 66은 6 × 11이다. 이쯤에서 나는 우변을 두 수의 곱으로 나타냈을 때 둘 중 하나가 좌변의 덧셈식 일부라는 점이 눈에 들어왔다. 조금만 더 생각해보면 우리는 최후의 규칙을 찾아낼 수 있다. 즉, 두 수의 합에 첫 번째 수를 곱하는 것이다. 이를 대수적으로 나타내면 다음과 같다.

$$f(x,y) = x(x + y)$$

따라서 다섯 번째 줄은 9 + 5 = 9(9 + 5) = **126**이 된다. 흥미로

운 것은 이 함수가 '대칭성'을 갖고 있지 않다는 점이다. 즉, 5 + 9 = 5(5 + 9) = 70이 된다.

나는 이런 퍼즐을 좋아하지만, 연산자로 덧셈 기호만을 고집하는 것처럼 보여서 짜증이 나기도 한다. 쓸 수 있는 기호가 그렇게나 많은 데도 말이다. 그중 몇 가지를 소개하면 ⇄ ✗ ⊰ ♫을 들 수 있다. 그 용도가 아주 분명하고 잘 알려져 있는데도 덧셈을 자꾸 반복하는 이유는 뭘까? 물론 그런 질문에 답을 하자면 이렇다. 덧셈 기호가 잠재적인 퍼즐 애호가를 유혹하는 '미끼' 역할을 하면서 전혀 덧셈이 아닌 용도로 이용되고 있다는 것이다. 이것은 모든 수학 연산자의 의미와 그 용도를 학습한 어른에게는 좋은 문제지만, 우리는 이렇게 '바이럴' 문제가 아이들 숙제가 될 수 있다는 것을 경험했다. 그런 문제는 수학 기호를 어디에 쓰고 쓰지 말아야 할지 학습하는 면에서 매우 잘못된 인식을 줄 수도 있다.

#42

$$1 + 4 = 5$$
$$2 + 5 = 12$$
$$3 + 6 = 21$$
$$8 + 11 = ??$$

(출처 미상)

이번 예제는 첫 번째 줄에서는 '일반적인' 덧셈이 적용되지만 나머지 줄은 그렇지 않다는 점에서 퍼즐 애호가에게 '미끼를 던지는' 수준에서 한 걸음 더 나아갔다. 하지만 그 자리에 다른 기호를 넣더라도 얼마든지 똑같은 효과를 거둘 수 있기 때문에 나는 이런 종류의 퍼즐에 덧셈 기호를 넣어 어떤 이득이 있다고는 보지 않는다. 이 문제의 규칙은 '두 번째 수에 1을 더해 첫 번째 수에 곱하는 것'이다. 즉, $f(x,y)=x(y+1)$이므로 마지막 줄의 답은 **96**이다.

이번 장에서 여러분은 다소 부정적인 느낌을 받았을 수도 있다. 어쩌면 내가 페이스북 같은 기존의 SNS 플랫폼에 기대치가 낮은 게 잘못일지도 모른다. 분위기를 전환하는 의미에서 이번에는 수의 패턴과 관계를 보여주는 문제를 소개하겠다. 이런 문제는 다양한 모습으로 온라인에 널리 퍼져 있다. 이 모든 노력을 통해 여러분이 좀 더 만족스러운 결말에 이르기를 바란다.

#43

이런 수열에서 다음에 오는 수는?

1, 11, 21, 1211, 111221, …

이 문제는 '보고 말하는' 수열로 알려져 있다. 여러분이 문제를 해결하지 못했다면 수열의 이름이 힌트가 될 것이다. 그 이상의 힌트가 필요하다면 숫자를 영어로 크게 읽어보라. (영어를 사용하지 않는 독자에게는 양해를 구한다. 내 모국어인 영어가 다른 언어보다 우수하다고 주장하려는 것이 아니다. 하지만 이 수열은 워낙에 매력적이라 예제로 넣지 않을 수 없었다.)

다음 항은 **312211**이 될 것이다. 각 항이 이전 항을 설명하기 때문이다. 따라서 1 다음에는 'one one(1이 한 개)'이 나오고 이를 11로 쓴다. 11은 'two ones(1이 두 개)'이므로 다음 수는 21이다. 다섯 번째 항인 111221은 'three ones, two twos, one one(1일 세 개, 2가 두 개, 1이 한 개)'이므로 다음 수는 312211이고 그 다음 수는 13112221이다.

이 수열은 수의 길이가 점점 늘어나면서 무한히 커지지만, 수열의 어떤 항에서도 1, 2, 3 이외의 다른 수를 찾을 수는 없을 것이다. 여러분은 그 이유를 알아낼 수 있는가? 해답은 책의 뒷부분에 실어두었다.

#44
이 문제를 풀려면 연필 한 자루와 종이가 필요할 수도 있다. 혹은 암산으로도 가능하다. 문제는 여러분의 나이에 달려 있다.

· 여러분의 나이를 적어보라.
· 나이가 짝수면 2로 나누고, 홀수면 3을 곱한 다음 1을 더한다.
· 이렇게 얻은 새로운 수가 짝수면 다시 2로 나누고, 홀수면 3을 곱한

다음 1을 더한다.

· 여러분이 멈추기로 할 때까지 이런 과정을 계속해나간다.

나는 가족 쇼를 진행할 때 분위기를 띄우려고 자주 이런 문제를 낸다. 나이 차가 거의 없는 청중도 계산 결과에서는 뚜렷한 차이를 보인다. 가령 8세 아이가 이런 경로를 따라간다고 해보자.

$$8 \rightarrow 4 \rightarrow 2 \rightarrow 1 \rightarrow 4 \rightarrow 2 \rightarrow 1 \rightarrow$$

이런 과정은 영원히 혹은 진력이 날 때까지 계속될 것이다. 그렇게 흥미로운 단어 수는 아니다. 하지만 7세 아이는 이 수열을 만날 수도 있다.

$$7 \rightarrow 22 \rightarrow 11 \rightarrow 34 \rightarrow 17 \rightarrow 52 \rightarrow 26 \rightarrow 13 \rightarrow 40 \rightarrow 20 \rightarrow 10$$
$$\rightarrow 5 \rightarrow 16 \rightarrow 8 \rightarrow 4 \rightarrow 2 \rightarrow 1 \rightarrow 4 \rightarrow 2 \rightarrow 1 \rightarrow$$

7세 아이는 8세 아이의 출발점에 이르기 전에 13차례의 과정을 되풀이해야 한다. 우리 가족 쇼에서는 27세를 많이 볼 수 없어 다행이다. 27은 마침내 4, 2, 1 지점에 이르기까지 거의 7000번의 계산을 해가면서 111차례의 단계를 거쳐야 하기 때문이다.

이 수열은 우박수, 경이로운 수, HOTPO('half or triple-plus-one:

2분의 1 또는 3배 더하기 1')수라는 명칭으로 다양하게 알려져 있다. 모든 수는 결국 4, 2, 1에 안착하는 것처럼 보인다. 하지만 4, 2, 1에 안착하지 않은 수가 한 번도 발견된 적이 없다고 해서 모든 수가 거기에 이른다고 증명된 것은 아니다. 이런 이유로, 이 문제는 로타르 콜라츠의 이름을 따서 '콜라츠 추측'이라고 알려져 있다. 추측은 옳다고 여겨지지만 증명이나 반증을 찾지 못한 결론이나 명제를 일컫는다.

오랫동안 이런 수를 재미있게 즐겨온지라 나는 언젠가 트위터에 콜라츠 체인을 올려보는 것도 괜찮겠다고 생각했다. 병 속에 든 편지가 파도에 떠밀려 멀리 떨어진 해변에 이르듯 트윗을 통해 세계 각국 사람들이 111단계를 연쇄 계산할 수 있지 않을까 하는 바람으로….

Kyle D Evans
@kyledevans   ⊙⊙⊙

n=27

n이 짝수면 이 트윗글을 전달하고 n을 n/2로 바꾼다.
n이 홀수면 이 트윗글을 전달하고 n을 3n+1로 바꾼다.

유감스럽게도 내가 가장 우려했던 결과가 벌어지고야 말았다. 하나의 깔끔한 선형 흐름이 아니라 트위터 주변을 나선형으로 에워싸고 신경에 거슬리는 수십 개의 경쟁적인 스레드가 등장했다. 나는 병 속에 든 편지를 공개한 다음 그것을 파도에 던져 수평선까지 떠밀려가게 할 생각이었다. 하지만 현실에서는 똑같은 100통의 편지를 풍선에 실려 보냈고 풍선은 곧바로 근처의 나무에 걸려 야생동물을 질식사시켰다. 가장 길게 연결된 사슬은 거의 33단계까지 이르렀다가 스페인의 수학 트위터에서 n=263을 끝으로 흐지부지되고 말았다. 누군가 리트윗 대신 필 콜린스의 비디오를 링크하기로 한 것이다.

연필과 종이를 이용해도 되고 암산으로도 가능한 문제를 마지막으로 소개한다. 이번에는 최대한 빨리 연산해야 한다.

#45

· 1000으로 시작한다

· 40을 더한다

· 1000을 더한다

· 30을 더한다

· 1000을 더한다

· 20을 더한다

· 1000을 더한다

· 10을 더한다

· 페이지를 넘기면서 정답을 크게 외친다

4100!

혹시 5000이라고 외쳤는가? 그래도 걱정할 것 없다. 나를 포함한 많은 사람이 그랬을 테니까. 이처럼 교묘하면서도 주옥같은 문제는 결코 특별하거나 새롭지 않지만, 놀랍도록 규칙적으로 운용된다. 천 단위와 십 단위 수가 번갈아 슬금슬금 등장하다가 십 단위 수를 더는 내보낼 수 없을 때 백 단위 수 대신 천 단위 수를 내보내도록 속임수를 쓰는 것처럼 보인다. 여기서 다시 한번 온라인에 유행하는 수학의 '그렇구나' 하는 속성을 엿볼 수 있다. 덕분에 이 문제는 2020년 여름 틱톡에서 대히트를 쳤다.

이는 운동장 수학을 다룬 장에서 살펴본 '당근' 문제와 비슷하다. 다음 세기인 2120년쯤이면 젊은이들은 VR 헬멧, 텔레파시, 구글 브레인 등으로 의사소통할 것이다. 그리고 그들이 불평을 늘어놓는, 수업 시간에 다룬 것과 거의 다를 바 없는 수학을 그걸로 즐겁게 공유할 것이다.

6장

도형의 세계로

무릎을 치게 만드는 기하 문제

#46

정사각형에서 빗금 친 부분의 비율은?

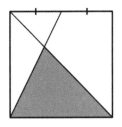

출처 : 에드 사우설

저런 문제를 보면 어떤 기분이 드는가? 흥분되는가, 아니면 겁부터 나는가? 서둘러 연필을 찾고 싶은가, 아니면 창문 밖으로 책을 내동댕이치고 싶은가? 여러분은 내가 확실히 전자에 속한다는 말을 듣고 싶겠지만, 충격적인 이야기를 하자면 나는 후자 쪽에 더 가깝다. 이런 종류의 문제를 보면 1990년대에 큰 인기를 끈 '매직 아이' 문제가 떠오른다. 선명하지 않고 흐릿한 2차원의 패턴을 바라보면 3차원의 대상이 기적처럼 눈앞에 나타나는 그런 문제였다. 나는 매직 아이 착시 현상을 느낀 적이 한 번도 없다. 모든 것이 나만 모른 채 세상 전체가 연기하는 〈트루먼 쇼〉 같은 장난이 아니었을까 하는 의구심도 여전하다. 나는 앞과 같은 문제를 볼 때도 그와 비슷한 느낌을 받는다. 어떤 사람들은 문제를 대충 보고 나서도 곧장 무엇을 해야 할지 정확히 알아낸다. 바로 그런 이유로 진득하게 인내심을 갖고 기다려야겠다는 생각이 싹 가시고 만다. 이번 장은 나 자신의 역량을 끌어올리는 시도가 될 것이고 여러분에게도 도움이 될 것이다.

기하 문제는 수학을 견뎌내지 못하거나 스스로 '수학적인 인간'이 못 된다고 생각하는 사람의 입장에 서보려는 나 나름의 방식이다. 물론 수학이 어려워지는 어린 시절의 어느 시점에 불꽃 같은 번뜩임을 발견하고 좀 더 끈질기게 참아낸다면 실제로 누구든 수학적인 인간이 될 수 있다. 그렇지 못한 사람을 나무랄 생각은 전혀 없다. 분명 수학은 어려워질 테고 가장 어려운 부분을 끝까지 해결하려면 엄청난 지략이 필요하기 때문이다. 어떤 식이든 지원이 없다면 당연히 많은 사람이 도중에 길을 잃는다. 바로 이 때문에 기하 문제가 필요하다는 생각이 든다. 지금은 기하 문제를 잘 풀 수 있을 것 같지만, 열다섯 살 무렵의 나는 기하가 수학에서 가장 싫은 부분이라는 결론을 내렸고 그 후로는 스스로 '기하와는 맞지 않는 사람'이라 생각하면서 피해왔다. 어떤 수학 문제든 '맞서 싸울 수도 있고 줄행랑을 칠 수도' 있다. 대개 필요하고 만족스러운 조치로서 문제를 분석하고 해결하기보다는 '너무 어렵다'거나 '내 취향이 아니'라며 문제를 밀어내기 쉽다.

기하 문제는 몇몇 창의적인 퍼즐 출제자의 뛰어난 활동 덕분에 최근 SNS에서 점점 인기를 얻어가는 중이다. 그들은 어떻게 퍼즐을 만들었는지도 알려줄 만큼 친절하다. 만약 여러분이 이미 기하에 상당한 자신감이 있다면 이번 장에서 이제껏 한 번도 본 적 없는 기발한 문제를 찾기 바란다. 음, 삼각형 퍼즐의 정답은 $\frac{1}{3}$이다. 정답보다 중요한 '이유'는 곧 다루게 될 것이다. 그럼 시작해볼까?

원

#47

여러분이라면 지금 18인치의 피자 1판과 12인치의 피자 2판 중에서 어느 쪽을 선택하겠는가?

이 문제를 다루기 전에 잠시 짚어볼 것이 있다. 원이란 무엇인가? 물론 여러분은 원이 무엇인지 알고 있으리라 생각한다. 하지만 외계인에게 원을 뭐라고 설명해야 할까? 또 네 살짜리 조카에게는? 원을 오직 하나의 변으로 된, 모서리가 없는 가장 단순한 2차원 도형으로 볼 수도 있다. 그런데 원은 하나의 변으로 된 모서리가 없는 유일한 도형이 아니다. 타원도 이런 특징이 있기 때문이다.

이 밖에도 원이 '가장 단순한' 2차원 도형이라면 다음으로 단순한 것은 세 개의 변을 가진 삼각형이어야 한다. 하지만 실제로 원은 삼각형보다 15개의 변을 가진 15각형, 심지어 50개의 변을 가진 50각형에 훨씬 더 가깝게 보인다.

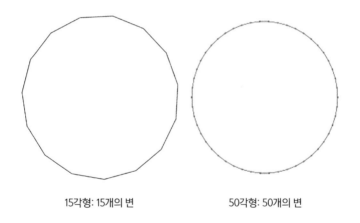

15각형: 15개의 변   50각형: 50개의 변

따라서 원은 하나의 변이 아니라 무한소로 짧은 변이 무한히 많은 것이라고 해야 할지도 모르겠다. 이쯤 되면 네 살짜리 조카는 무

슨 말인지 알아듣지 못할 것이다. 그렇다면 원을 어떤 중심점으로부터 같은 거리에 있는 모든 점의 집합이라고 하는 건 어떨까? 말뚝에 매둔 말이 말뚝에서 최대한 멀리 움직인 자취는 원을 이룰 것이다.

학교를 졸업한 뒤로 원을 접해본 적이 전혀 없는 사람이라도 파이라고 불리는 기호(π)만큼은 기억 속에 여전히 남아 있지 않을까? 원의 지름(한쪽 끝에서 중심을 지나 다른 한쪽 끝을 가로지르는 선분)을 재면 지름의 거의 3배가 원둘레와 비슷하다는 것을 알 수 있다. '거의' 3배라고 한 것은 그 값이 정확히 3.141592653589793… (반복되지 않고 끝없이 계속된다. 하지만 미국항공우주국은 π를 소수점 15번째 자리까지 사용하고 그 정도면 내게도 충분하다)에 해당하기 때문이다.

따라서 원둘레는 π × 지름 혹은 2 × π × 반지름이다. 그렇다면 원의 넓이는 어떨까? 피자를 가능한 한 잘게 나누고(정말 기발한 생각이다. 더 많은 피자 조각을 먹어도 같은 열량을 섭취할 수 있다) 그것을 직사각형과 다소 비슷한 모양으로 재배열할 수 있다. (수학자들은 피자와 파이에 집착하는 경향이 있다. 실제로 포르투갈에서는 파이 그래프(원 그래프)를 피자 그래프라고 부른다. 프랑스에서는 파이 그래프를 치즈 이름인 카망베르라고 부른다. 하지만 지금은 이런 주제에서 벗어나는 편이 좋겠다, 슬슬 시장기가 도는 것 같으니까.)

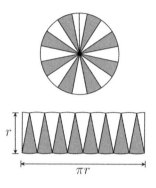

물론 직사각형은 처음의 원과 같은 조각으로 이루어져 있으므로 둘의 넓이는 같을 수밖에 없다. 직사각형의 세로 길이는 원의 반지름에 매우 가깝고 조각을 더 잘게 쪼갤수록 더욱 가까워질 것이다. 마찬가지로 직사각형의 가로 길이는 피자 가장자리에 해당하는 '크러스트'의 절반, 즉 원둘레의 절반에 매우 가깝다. 우리가 위에서 만들어낸 것은 지름의 절반, 즉 반지름이다. 따라서 원의 넓이는 πr^2 혹은 π × 반지름 × 반지름에 매우 가깝고 피자를 더 잘게 쪼갤수록 이 값에 더욱더 가까워질 것이다.

이제 드디어 처음 문제로 되돌아갈 수 있게 됐다. 18인치의 피자 한 판과 12인치의 피자 두 판 중에서 어느 쪽을 선택할 것인가? 분명 후자가 옳다는 느낌이 들지만, 수학에 의지한다면 다음과 같은 결과를 얻는다.

18인치(반지름은 9인치) 피자 넓이 $= \pi \times 9^2 = 254$인치^2

2×12인치(반지름은 6인치) 피자 넓이 $= 2 \times \pi \times 6^2 = 226$인치^2

18인치 피자가 더 크군요. 그렇지 않은가요, 손님? 이런 얘기가 직관에 어긋나는 느낌이 드는 이유는 대개 우리의 뇌가 선형 비례의 관점에서 생각하기 때문이다. 따라서 하나의 변수가 커지면 다른 변수가 일정한 속도로 증가하거나 감소한다고 기대한다. 일례로, 라디오 진행자인 마이크 패리가 언젠가는 인간이 100m를 뛰는 데 1초도 안 걸릴 것이라고 목청 높여 주장하는 것을 들은 적이 있다(맞다. 스포츠 라디오를 들은 것은 내 잘못이다). 그의 주장인즉슨, 세계기록이 점점 짧아지고 있어서 그런 추세로 가다 보면 원하는 어떤 속도로든 달리게 되리라는 것이었다. 물론 그는 세계기록이 점점 짧아진다고 하더라도 짧아지는 속도가 느려진다는 점을 간과했다. 현재 세계기록은 1초와는 아주 거리가 멀다.

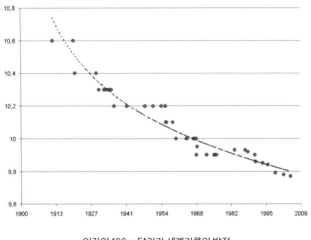

인간의 100m 달리기 세계기록의 발전

출처 : 위키피디아/mrnett1974

　"물론 100m를 언젠가는 1초 안에 달리게 될 테지만 아마 우리가 살아 있는 동안은 아닐 것이다"처럼 2012년 10월 트윗에 올라온 게시글을 포함해 소셜 미디어에서 패리는 이런 주장을 여러 차례 했다.

　위 글에서 내가 가장 좋아하는 구절은 "아마 우리가 살아 있는 동안은 아닐 것이다"다. 이 글을 쓸 당시 패리는 66세였다. 인간의 100m 세계기록은 지난 100년 동안 1초가량 향상되었고 향상 속도는 급격히 느려지고 있다. 패리는 '아마'라는 단어에 안심한 모양이다.

　(물론 패리는 여기서 몇 가지 실수를 했다. 첫째, 모든 관계가 선형은 아

니다. 둘째, 선형이든 아니든 실제의 수학적 관계가 영원히 유지되지는 않는다. 100m 세계기록이 지난 100년 동안 꾸준히 단축되었다고 해서 그런 기록 경신이 계속된다는 의미는 아니다. 대개 전문가들은 생리학적 한계 때문에 인간이 아무리 전력 질주를 해도 최고 속도가 초속 13m, 잠재적으로 100m 최고 기록은 9초 남짓으로 제한된다고 입을 모은다. 사람이 1초 안에 100m를 달릴 수 있으려면 20G, 즉 일반적인 지구 중력의 20배의 힘으로 출발점에서 뛰어나올 필요가 있다. 우주인 훈련생이 원심분리기에서 12~14G쯤 됐을 때 대개 의식을 잃는다는 점을 고려하면 위의 기록은 기대하기 어려워 보인다.)

어쨌든 모든 관계가 선형은 아니다. 시간이 흘러감에 따라 100m 세계기록 속도가 더뎌지듯, 반대로 원의 넓이는 반지름이 커짐에 따라 빠른 속도로 증가한다. πr^2에 해당하는 원의 넓이가 의미하는 바는 넓이가 반지름이 아니라 반지름의 '제곱'에 비례한다는 사실이다. 따라서 반지름이 조금만 커져도 넓이는 크게 늘어 18인치 피자 1판이 12인치 피자 2판보다 훌륭한 선택이라는 놀라운 결과를 가져온다. 음, 굳이 크러스트 피자를 고집하지만 않는다면 말이다. 그렇더라도 그런 선택은 하지 말자.

피자 얘기가 나온 김에 반지름이 z이고 두께가 a인 피자의 부피는?

반지름 Z

두께 a

원의 넓이를 알 수 있다면 거기에 깊이만큼 곱해 원기둥의 부피를 얻을 수 있다.

부피 $= \pi z^2 \times a$

$= \pi zza$

$= (pi)zza$

삼각형

원은 좀 살펴봤으니 이제는 그보다 쉬운 삼각형을 살펴보자. 삼각형에 대해 알아두었으면 하는 중요한 사실이 있다.

우선, 삼각형의 넓이는 밑변과 높이가 수직, 즉 직각이라는 전제 하에 $\frac{1}{2} \times$ 밑변 $\times$ 높이다. 이런 공식은 삼각형이 그것과 밑변과 높이를 공유하는 직사각형의 정확히 절반을 차지한다는 사실에서 비롯되었다.

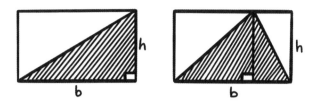

다음으로, 직각 삼각형의 두 변의 길이를 알면 빗변(가장 긴 변)의 제곱이 그보다 짧은 두 변의 제곱의 합과 같다는 피타고라스 정리를 이용해 나머지 한 변의 길이를 찾아낼 수 있다. 여러분은 이 공식을 학창 시절에 배웠거나 그렇지 않다면 적어도 지난 장의 과일 이모티콘 문제를 풀었던 기억에서 찾을 수 있다. '수학'이라는 단어를 이미지 검색하면 거의 확실히 다음과 같은 이미지를 찾을 수 있다.

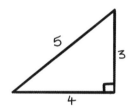

짧은 두 변을 제곱하면 $3^2 + 4^2 = 9 + 16 = 25$이므로 가장 긴 변은 $\sqrt{25}$, 즉 5가 될 수밖에 없다.

이번 장에서 지금까지 살펴본 세 가지 기술이 필요한 문제를 살펴보자. 아래는 한 변의 길이가 2인 정삼각형이다. 삼각형의 세 꼭짓점에서 반지름이 1인 원호를 그린다. 색칠한 부분은 삼각형의 몇 퍼센트일까?

이 문제는 어디에서 시작해야 할까?

1단계; 삼각형의 넓이. 삼각형의 밑변의 길이는 2로 주어져 있지만, 높이는 주어져 있지 않다. 정삼각형을 한가운데서 절반으로 쪼개 직각 삼각형을 만들면 필요한 높이를 찾을 수 있다.

피타고라스 정리를 적용한다.

$1^2 + h^2 = 2^2$

$1 + h^2 = 4$

$h^2 = 3$

$h^2 = \sqrt{3}$ 약 1.73

따라서 정삼각형의 밑변은 2, 높이는 $\sqrt{3}$이므로 넓이는 $\frac{1}{2} \times \sqrt{3} \times 2$ 이고 이 값은 $\sqrt{3}$ 또는 약 1.73이다.

2단계: 세 부채꼴의 넓이. 부채꼴 하나는 원의 6분의 1에 해당한다.

정삼각형의 세 내각은 모두 60°, 즉 360°의 6분의 1이기 때문이다.

따라서 원의 6분의 3은 기본적으로 반원을 이룬다.

반원의 넓이 $= \frac{1}{2}\pi r^2 = \frac{1}{2} \times \pi \times 1^2$

따라서 세 부채꼴의 넓이의 합은 $\frac{1}{2}\pi$(혹은 π/2)인 약 1.57이 된다.

3단계: 빗금 친 비율 찾기. 마지막으로 흰색으로 남아 있는 삼각형의 비율을 찾으려면 삼각형의 넓이로 반원의 넓이를 나눈다.

$$\frac{\pi/2}{\sqrt{3}} = \frac{1.57}{1.73} = 0.907$$

따라서 흰 부분은 삼각형의 약 90.7%, 검은 부분은 약 9.3%에 해당한다. 지금 나온 결과를 기억해두기 바란다.

'닮은' 삼각형 찾기는 큰 도움이 된다. 닮은 삼각형이란 한 삼각형이 다른 삼각형을 확대 혹은 축소한 꼴로서 대응각의 크기와 대응변의 길이의 비가 모두 같은 두 개 이상의 삼각형을 말한다. 닮음 관계를 제대로 보여주는 문제를 아래에 소개한다.

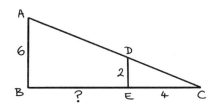

위의 그림에서 물음표 자리에 들어갈 수는?

이 문제를 해결하려면 한 삼각형이 다른 삼각형 내부에 있는 형태로 두 삼각형을 봐야 한다. 큰 삼각형의 꼭짓점은 ABC이고 작은 삼각형의 꼭짓점은 DEC이다.

결정적으로, 두 삼각형은 닮음이라고 할 수 있다. 수학에서 닮음이란 단어는 배우인 알렉 볼드윈과 미국의 13대 대통령 밀러드 필모어처럼 그저 '대충 같아 보인다'는 의미로 쓰이지 않는다. 닮음은 정말로 둘 중 하나가 다른 하나를 확대한 것이라는 의미다. 그렇다면 삼각형 ABC가 삼각형 DEC를 확대한 것이라는 걸 어떻게 알 수 있을까? 두 삼각형 모두 밑변의 왼쪽 끝이 직각을 이루고 오른쪽 끝은 똑같이 각 A를 공유한다. 삼각형의 꼭짓점은 세 개이므로 두 내각이 같으면 나머지 각도 같을 수밖에 없다.

두 삼각형이 닮음임을 밝히고 나면 이제부터 본격적으로 바빠진다. 큰 삼각형의 높이 AB는 작은 삼각형의 높이 DE의 3배이므로 큰 삼각형의 밑변 BC도 4로 알려진 작은 삼각형의 밑변 EC의 3배여야 한다. 이는 BC의 길이가 12라는 의미이고 따라서 물음표에 들어갈 수는 **8**이 된다.

머리로 계산하기 힘들면 다음과 같은 식을 써보는 것도 괜찮다.

$$\frac{BC}{6} = \frac{4}{2}$$

BC = 12

BE = 12 − 4 = 8

　삼각형 ABC가 삼각형 DEC보다 얼마나 큰지 비교해보는 것도 좋다. 삼각형의 넓이는 직사각형의 절반, 즉 $\frac{1}{2}$ × 밑변 × 높이이므로 큰 삼각형의 넓이는 36, 작은 삼각형의 넓이는 4가 된다. 큰 삼각형의 변의 길이는 작은 삼각형의 변의 길이의 3배이지만 넓이는 9배에 이른다(높이가 3배이므로 밑변의 길이도 3배가 되고 3 × 3 = 9가 된다). 닮음인 도형을 연습해볼 수 있는 재미있는 문제를 다음에 소개한다.

#48

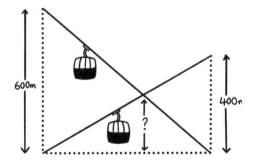

그림에서 보듯 케이블카 두 대가 지면에서 높이가 각각 400m와 600m인 두 산의 정상까지 연결되어 있다. 두 케이블카가 만나는 지점은 지면에서 몇 미터 높이일까?

이 문제에 특별히 마음이 끌리는 이유는 두 산이 얼마나 떨어져 있는지 중요하다고 느껴지지만 사실은 그렇지 않기 때문이다! 이를 확인해볼 그림을 크기별로 아래에 몇 개 그려두었다.

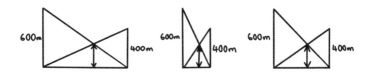

우선 명확한 풀이를 위해 처음 그림에 몇 가지 표시를 해둔다.

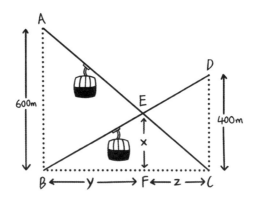

문제 해결의 실마리는 삼각형 ABC가 삼각형 CEF와 닮음이고 삼

각형 BCD가 삼각형 BEF와 닮음임을 알아내는 것이다. 이들 삼각형이 닮음이면 밑변에 대한 높이의 비가 같기 때문에 다음의 식을 얻는다.

$$\frac{BC}{600} = \frac{CF}{EF} \text{ 그리고 } \frac{BC}{400} = \frac{BF}{EF}$$

여기서 EF, BF, CF를 각각 x, y, z로 나타내면 다음의 식을 얻는다.

$$\frac{y + z}{600} = \frac{z}{x} \qquad \frac{y + z}{400} = \frac{y}{x}$$

이들 두 식은 비교적 간단히 변형해 다음과 같은 식으로 다시 쓸 수 있다.

$$x(y + z) = 600z \text{ 그리고 } x(y + z) = 400y$$

두 식에서 좌변이 같으므로 우변 역시 같아야 한다.

$$600z = 400y$$

이를 간단히 하면,

$$3z = 2y$$

다시 말해 밑변이 아무리 길더라도 항상 2 : 3으로 나뉜다. y가 z 보다 약간 긴 셈이다. 문제를 마무리하는 방법은 여러 가지가 있지만, 나는 x, y, z가 포함된 마지막 줄로 돌아가는 풀이가 좋다.

$$x(y + z) = 400y$$

이 식을 x만 포함된 수준까지 줄일 필요가 있는데, 지금으로서는 아득히 멀게만 느껴진다! 하지만 양변에 3을 곱하면 식이 매우 깔끔하게 정리된다.

$x(3y + 3z) = 1200y$ (3z = 2y임을 기억해두자.)

$x(3y + 2y) = 1200y$

$x(5y) = 1200y$ (양변을 5y로 나눈다.)

$x = 240$

10m든 1km든 두 산이 얼마나 떨어져 있는지와는 관계없이 두 케이블카는 항상 지면으로부터 240m 지점에서 만날 것이다. 닮음인 삼각형 찾기는 정보가 불충분해 보이는 문제 풀이에 도움을 준다. 이로써 이번 장을 시작할 때 소개한 문제를 다시 한번 살펴볼 준비

가 끝났다.

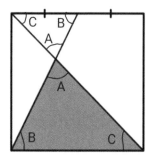

　지금까지 해온 대로 대응각을 표시해보면 색칠한 삼각형은 바로 위에 있는 삼각형과 닮았다. 두 삼각형이 닮음이고 색칠한 삼각형의 밑변이 그렇지 않은 삼각형의 2배이므로 높이 역시 2배여야 한다. 이로써 색칠한 삼각형의 높이가 정사각형의 밑변에서 $\frac{2}{3}$만큼 되는 지점에 이른다는 것을 알 수 있다. 이제 색칠한 삼각형 밑변의 길이를 1로 두면 높이는 $\frac{2}{3}$가 되고 넓이는 $\frac{1}{2}$ × 밑변 × 높이 = $\frac{1}{2}$ × 1 × $\frac{2}{3}$가 된다. 정사각형의 넓이가 1이므로 색칠한 삼각형은 정삼각형의 3분의 1을 차지한다.

　'핑크 삼각형(이걸 어쩐다? 이 책은 흑백판이니 핑크빛으로 색칠한 삼각형을 상상하는 것은 여러분 자유다)' 문제는 에드 사우설이 고안해냈다. 여러분은 그를 지난 4장에서 사람들을 낚는 모호한 계승수 문제 출제자로 기억할 것이다. 에드가 만든 문제 가운데 가장 널리 알려진 핑크 삼각형은 영국의 다양한 뉴스 웹사이트에서 보도된 뒤

뉴질랜드, 러시아, 미국을 포함한 세계 각국에서도 기사로 실렸다. 하지만 이상하게도 에드의 말처럼, 핑크 삼각형은 뉴스거리가 될 만한 기사로 선정되기 전에는 그다지 인기 있는 퍼즐은 아니었다.

"이 문제가 처음 실린 곳은 〈더 선〉이었고 그 후로 〈데일리 메일〉에서 특집으로 다루고 나니까 여기저기서 난리가 난 겁니다. 모든 기사가 하나같이 이 문제를 온라인에서 화제가 된 퍼즐이라고 소개했지만, 트위터에 올린 최초의 게시물은 겨우 200개의 '좋아요'를 얻는 데 성공했죠."

이처럼 서서히 타오르는 명작은 처음에 대중의 환영을 받지 못한다. 그래서 핑크 삼각형이 기하 퍼즐의 〈쇼생크 탈출〉이 됐는지도 모르겠다. 에드가 내놓는 난제는 종종 SNS에서 엄청난 관심을 불러일으켜 퍼즐 애호가가 앞다퉈 해답을 내놓는다. 기하라는 얘기만 들어도 두드러기가 올라오는 나는 그가 어디서 그렇게 엄청난 아이디어를 얻는지 무척 궁금하다.

"가끔은 해법을 미리 생각해두고 문제를 시작할 때도 있지만, 컴퓨터 기하 패키지 프로그램을 갖고 꼼지락거릴 때가 많죠. 규칙적인 형태, 교점, 중점 따위를 갖고 장난을 치는 겁니다. '핑크 삼각형'은 정사각형과 삼각형을 갖고 하릴없이 놀다가 얻게 된 거죠. 넓이를 구하는 건 분명해 보였지만, 그때 이런 생각이 들었어요. 정말 분명한 건가? 그래서인지 두세 가지 다른 방법을 찾아낼 수 있었고 그걸 게시물로 올려두었죠. 문제 하나로 사람을 앞지르려고 애쓰는 대신 누구든 따라올 수 있는, 다양하면서도 독창적인 방법을 찾아 낸다는 점에서 매력적이었죠."

트위터에 게시하거나 이메일로 보내온 수십 가지의 방법을 검토한 끝에 에드는 10가지의 멋진 해법을 수집했다. 물론 10가지보다 많은 해법이 존재한다! 심지어 그는 인터넷의 '첫 번째 금기를 깨고' 정신 건강에 좋지 않은 웹사이트의 뉴스 댓글을 읽기도 했다.

"별것도 없는 문제의 어떤 점이 그토록 매력적인지 궁금했어요. 색칠된 부분은 3분의 1쯤으로 보였죠. 그 값은 분명 4분의 1과 2분의 1 사이에 있으니, 어쩌면 3분의 1이 맞을 수도 있겠구나 싶었죠. 물론 그것만으로 충분한 사람도 있죠! 내가 흥미를 느낀 부분은 정답이 3분의 1인 이유를 찾아낸 것만으로는 많은 이들이 만족하지 못한다는 거였어요. 멋들어진 증명에 대해 그들이 기껏 한다는 소리가 '그래, 나도 처음부터 3분의 1이라고 했잖아'입니다. 정답이 3분의 1인 이유에 관심을 가지는지 여부가 수학자인지 아닌지를 알아볼 수 있는 진정한 기준이라는 생각이 듭니다."

앞 장에서 살펴본 $8 \div 2(2 + 2)$ 문제에서도 이와 같은 태도를 엿볼 수 있었다. 사람들은 16이나 1을 답으로 선언하려고 줄을 서서 기다리면서도 두 가지 가능한 결과가 어떻게 나왔는지는 알고 싶은 마음이 없었다. 1990년대를 상징하는 대표적 공상과학영화인 〈매트릭스〉를 참고해 비유하자면, 많은 이들은 기꺼이 파란 알약을 받고 정답이 3분의 1임을 순순히 받아들인다. 진정한 수학자만이 빨간 알약을 받고 정답이 3분의 1인 이유와 토끼굴로 얼마나 내려가야 하는지를 밝힐 준비를 한다.

하지만 나는 핑크 삼각형이 온라인에서 성공한 데는 에드가 생각지도 못한 또 다른 일면이 있다고 본다. 회색 삼각형이나 청록색 삼각형은 핑크 삼각형만큼 매력적이지 않다. 늘 그렇듯 에드는 자조적인 어투로 "그렇군요"라고 동의한다. "노란 삼각형이었다면 '좋아요'를 100개밖에 얻지 못했겠군요."

에드는 장렬한 좌절감을 안겨주면서도 결국 큰 깨우침을 주는 온라인 콘텐츠를 만들지 않을 때는 초보 수학 교사를 상대로 강의하고 훈련시키는 일을 한다. 교사라면 누구나 교실에서 경험하기를 바라는, '아하!' 하는 아름다운 감탄사가 터져 나오게 할 특별한 기하 문제를 생각해둔 것이 있는지 물었더니 그는 기꺼이 도움을 주겠다고 했다.

#49
정사각형을 그린다(손으로 그리는 것도 괜찮다. 한 치의 오차도 없이 정확할 필요는 없다).

정사각형 내부 어디든 점을 하나 찍고 그 점을 네 꼭짓점에 연결한다(이번에도 손으로 그려도 좋다).

정사각형은 네 개의 삼각형으로 나뉜다. 두 삼각형에 번갈아 가며 색칠을 한다. 즉, 색칠한 두 삼각형은 변을 공유해서는 안 된다. 색칠한 부분이 정사각형에서 차지하는 비율은?

여기에 여러분이 그렸을 법한 방식을 소개하지만, 분명 이와는 다르게 그렸을 것이다. 그래도 우리는 같은 답을 얻게 될 것이다.

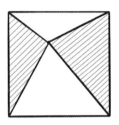

다른 기하 퍼즐과 마찬가지로 정답에 이르는 길고 체계적인 방법도 있지만, 기발한 반전을 찾아내는 빠르고 간결한 방법도 있다. 어린 시절 내가 즐겨 읽던 동화책은 테리 존스의 《요정 이야기》였다. 그렇다. (당시에 나는 그런 사실을 몰랐지만) 그는 '몬티 파이튼' 시리즈와 〈라비린스〉로 유명한 작가다. 어느 이야기에서 요정의 초대를 받은 소녀는 요정을 따라 마귀가 사는 도시로 간다. 요정은 다음과 같은 말을 되풀이하면서 소녀를 놀린다.

마귀 도시까지 오는 길이 가까워, 멀어?
곧장 오는 길은 짧단다
하지만 먼 길은 멋지단다…

기하 문제를 푸는 것은 흔히 이와는 정반대다. 곧장 오는 길은 멀지만 짧은 길은 멋지다! 물론 어려운 점을 든다면 짧은 길을 알아차리는 능력인데, 이는 연습을 통해 기를 수 있다.

먼길

다음과 같이 수평선과 수직선을 그리면 네 삼각형의 넓이를 찾을 수 있다. 색칠한 두 삼각형은 높이가 각각 a, b이고 밑변은 모두 c+d이다. 색칠하지 않은 두 삼각형은 높이가 각각 c, d이고 밑변은 모두 a + b이다.

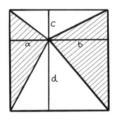

우리가 오랫동안 즐겨 찾던 삼각형의 넓이 공식($\frac{1}{2}$ × 밑변 × 높이)과 기본적인 대수를 이용하면 다음과 같은 식을 얻는다.

색칠한 부분의 넓이: $\frac{1}{2}a(c + d) + \frac{1}{2}b(c + d) = \frac{1}{2}(a + b)(c + d)$

색칠하지 않은 부분의 넓이: $\frac{1}{2}c(a + b) + \frac{1}{2}d(a + b) = \frac{1}{2}(a + b)(c + d)$

그러고 보니 색칠한 부분과 색칠하지 않은 부분의 넓이가 같은 것으로 나타났다. 따라서 양쪽 모두 정사각형의 절반을 차지한다.

짧은 길

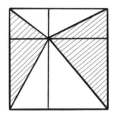

앞서와 같은 수평선과 수직선을 그린다. 하지만 이번에는 길이에 명칭을 붙일 필요가 없다. 정사각형은 처음에 찍어둔 점에서 만나는 네 개의 직사각형으로 볼 수 있고 각각의 직사각형은 대각선에 의해 절반으로 나뉜다는 점을 주목하라. 직사각형마다 절반씩 색칠하면 색칠한 전체 영역은 색칠하지 않는 전체 영역과 같아야 한다.

깔끔한 지름길을 찾는 과정에서 매우 만족스러운 해법을 만난다. 문제의 명백한 어려움을 직시하는 것만으로도 그 어려움이 눈 녹듯 사라진다. 매직 아이 퍼즐(1996년 이후로 그것을 뚫어지게 보고 있지만 여전히 아무런 효과가 없다)이 흐릿하고 혼란한 상태에서 수정처럼 맑은 3차원 이미지로 바뀌는 것과 비슷한 순간이 재현된다.

내가 가르치는 학생이 정답에 훨씬 빨리 이르는 방법을 알려줬다. 하지만 이런 식의 접근은 이들 퍼즐이 대개 그렇듯 메타 인지 능력이 필요하다. 나는 두 삼각형을 색칠하라고 지시했지만 색칠할 두 삼각형을 명시하지는 않았다. 그 말은 평행한 두 개의 우주에서 여러분이 위쪽과 아래쪽을 색칠했을 수도 있고 왼쪽과 오른쪽을 색칠했을 수도 있다는 것을 의미한다. 하지만 내가 필요한 결과는 여러분이 어떤 삼각형을 색칠하든 아무 상관이 없어야 한다. 따라서 우리는 색칠한 부분과 색칠하지 하지 않은 부분이 같다는 정답을 확신할 수 있다.

여기에 '아하!'의 순간을 보여주는 예를 하나 더 들어본다.

#50
이 원의 원주는 12부분으로 똑같이 나뉘어 있다. 어두운 면이 원에서 차지하는 비율은?

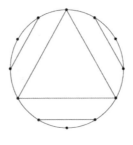

출처: 트위터/헨크레울링

이 문제는 2018년 독일의 수학 교사인 헨크 레울링이 트위터에 올렸고 인터넷에서 널리 유행하는 데는 분명 실패했지만, 아름다운 '아하!'의 반전 매력이 숨어 있다.

먼 길

가운데 면이 정삼각형이고 바깥쪽 흰 면이 원의 '활꼴'에 해당하므로 색칠한 영역보다는 색칠하지 않은 영역을 찾기가 쉽다. 이런 식으로 최종적인 답에 이르는 것은 다소 어려운 일이다. 그래서 그것은 책의 뒷부분에 실어두었다. 하지만 여러분이 도달한 정답(절반)도 매우 만족스럽다. 이는 깔끔하고 빠른 방법이 존재할 수 있다는 걸 의미한다.

짧은 길

트위터 이용자인 이그나시오 라로사 카네스트로(@ilarrosac)가 묘사한 것처럼 점 하나만큼 바깥쪽 시계방향으로 3개의 흰 부분을 '옮기면' 색칠한 부분을 약간 변경할 수 있다.

출처 : @ilarrosac

이제 원은 6개의 합동인 삼각형으로 나뉘었고 그중 절반만큼이 색칠돼 있다. 바깥쪽 둘레에 있는 6개의 활꼴도 절반만큼 색칠돼 있다. 따라서 원은 절반만큼 색칠돼 있다. 멋지다!

12개의 점을 찍은 헨크의 원은 기하 문제에서 '아하!' 순간의 전설로 불리는 카트리오나 애그가 추천해준 문제였다. 영국에서 활동하는 수학 교사 카트리오나는 트위터에 널리 알려진 매력적인 기하 문제를 만들어낸다. 아래는 그녀가 아주 잘하는 기하의 대표적인 예다.

#51

정사각형 1개와 반원 4개가 있다. 색칠한 부분이 전체 영역에서 차지하는 비율은?

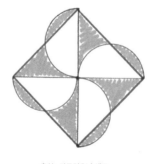

출처 : 카트리오나 애그

'먼 길'이 어떤지는 아는 사람이나 알 것이다. 생각만으로도 끔찍할 것 같다. 하지만 짧은 길은 사랑스럽기 그지없다. 정사각형 바깥쪽에 색칠한 부분을 다음과 같이 정사각형 내부로 옮긴다.

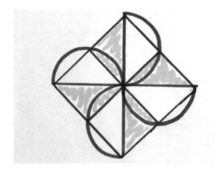

출처: 카트리오나 애그

정사각형의 절반이 색칠된 것을 똑똑히 볼 수 있다. 기가 막히다!

다시 한번, 상대적으로 기하에 미숙한 사람으로서 나는 문제 내기와 '아하!' 순간 중에 무엇을 먼저 떠올리는지 알아야겠다.

"음, 계획을 세우는 것은 전적으로 자기 마음이에요. 나는 낙서를 끄적거리면서 퍼즐이 걸려들기만을 기다리죠." 카트리오나의 얘기다(겸손하다 못해 이렇게 자기 비하적인 기하학자가 있었던가?). "어디서든 낙서를 끄적이다가 결국 뭔가 하나 걸려들겠지, 하는 생각을 합니다." 에드 사우설과 마찬가지로 그녀 역시 '좋은' 퍼즐과 대중적인 퍼즐 사이에는 차이가 있음을 간혹 느낀다고 했다. "기가 막힌 해법이 존재할 거라고 믿으면서 가끔은 며칠이고 같은 그림을 그리고 다시 고쳐 그릴 테지만, 막상 그렇게 인기를 얻지는 못할 거예요. 그러다 어쩌다 정말 새로울 것 없는 무언가를 만들어내면 이번

엔 몇천 개의 좋아요를 얻게 되는 거죠! 그래도 이 모든 건 낙서장에 끄적거려 놓은 그림 하나에서 출발합니다."

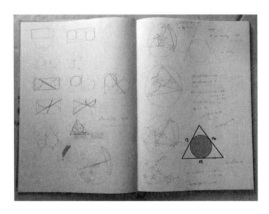

출처 : 카트리오나 애그

'아하!' 하는 탄성이 터져 나오는 순간을 예찬하는 카트리오나는 그 순간이 퍼즐이 단순한 수학 문제와 구분되는 요소라고 주장한다. 물론 그녀의 학생이 모두 여기에 동의하는 것은 아니다. 그녀는 좌절감을 맛본 학생을 흉내 낸다. "여태 우린 그걸 푸느라 정신없었어요. 1분 안에 푸는 방법을 선생님이 알려주실 수도 있었잖아요!" 파란 알약을 받고 싶어 하는 사람들 같다.

카트리오나 퍼즐의 트레이드마크라고 할 수 있는 다음 문제를 해결하는 방법은 여러 가지가 있다.

#52
직사각형과 정사각형이 하나씩 있다. 이때 직사각형의 넓이는?

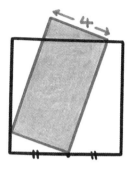

다음 그림은 문제에 대한 답변 가운데 하나다.

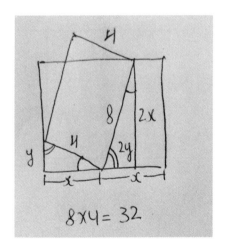

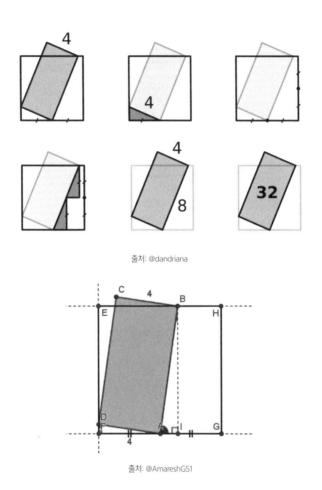

출처: @dandriana

출처: @AmareshGS1

    다소 낯설게 느껴질 수도 있겠지만, 개중에는 삼각함수를 이용한 풀이도 있었다. 하지만 그럴듯하게 들리는 아이디 @Expert_Says(전문가 의견)가 보여준 것처럼 닮음인 삼각형을 찾아내면 그럴 필요가 없다. 게다가 @dandriana는 정답을 더욱 분명하게 보여주었다. 이들 풀이는 왼쪽 아래에 있는 삼각형과 닮음인 삼각형을 오른쪽에 그려 넣었다. 한 삼각형이 다른 삼각형을 2배 확대한 형태이므로 직사각형의 긴 변 역시 2배여야 한다. 따라서 직사각형의 넓이는 **32** 가 된다.

물론 이보다 훨씬 **빠른** 방법도 있다! 직사각형이 정사각형에 대해 기울어진 각은 주어지지 않았기 때문에 @AmareshGS1의 그림에서 보듯 훨씬 덜 기울어진 형태로 같은 그림을 그릴 수도 있다(원래 그녀의 답변은 움직이는 이미지였지만, 여기서는 동영상은 말할 것도 없고 핑크 삼각형조차 보여줄 수가 없다. kyledevans.com/mathstricks에서 동영상을 비롯해 이 모든 답변을 찾아볼 수 있다). 문제를 바꾸지 않고 각도만 낮출 수 있다면 이런 논증은 각이 0에 이를 수도 있다는 결론에 자연스럽게 이른다. 그것이 사실이라면 직사각형은 정사각형의 절반에 해당하는 영역에 정확히 들어가 다시 한번 넓이가 2가 된다.

카트리오나의 트위터 게시글에 달린 댓글에서 뷔페를 방불케 하는 다양한 해법을 엿볼 수 있다. 그런 댓글은 SNS에 만연한 적대적인 환경에서 긍정적인 역할을 한다. 퍼즐 게시글이 올라오고 나서 48시간 안에 그녀의 트위터에 들어가면 수십 건의 조회, gif, 동영상, 도움을 요청하는 초심자의 질문(많은 사람이 기꺼이 거기에 친절한 답글을 달아준다), 예의 바르고 논리 정연한 논쟁을 찾아볼 수 있다. 인터넷에서 말이다! 다음에는 또 무엇이 나올까?

하지만 인터넷에서 화제를 불러 모으는 퍼즐 출제자인 동시에 교사로서 겪는 고충도 있다. "몇 년 전 트위터에 올라온 자료를 검색하는 데 탁월한 아이들의 수업을 맡은 적이 있어요." 카트리오나는 웃으며 말한다. "아이들은 책상 밑에서 핸드폰을 몰래 들여다보거나 내 트위터 피드에 미리 들어가 정답을 알아내려고 했어요. 그래서 트위터에 문제를 올리기 전에 녀석들에게 문제를 내주어야 했죠. 부당하기 짝이 없는 일이었지만 말이죠!" 나는 이 학생들이 카트리오나의 수업을 다 듣고 나서도 여전히 그녀의 트위터를 들여다보고 있었으면 좋겠다. 오늘날과 같은 불확실성의 세계에서 기하학이 선사하는 고요의 바다인 그녀의 트위터를 추천한다.

#53
모든 점 사이의 거리가 정확히 2m가 되도록 네 점을 배열해보라.

이 문제는 우리의 고정관념을 멋지게 허문다. 세 점을 이용해 같은 문제를 풀기란 매우 쉽다. 정삼각형, 즉 모든 점이 다른 점에서 2m만큼 떨어지도록, 삼각형의 모든 변의 길이가 2m인 것이다. 그렇다면 4번째 점은 어디에 두어야 할까? 4번째 점을 어디에 두든지 한 점에 더 가까워질 수밖에 없지 않을까?

2차원의 우주에만 머물려고 한다면 이 문제는 영영 풀 수 없다. 하지만 3차원의 호사를 누릴 수 있다면 처음 3개의 점이 포함된 평면에서 떨어진 위치에 4번째 점을 둘 수 있다. 이로써 4번째 점은 사면체의 4번째 꼭짓점을 형성한다.

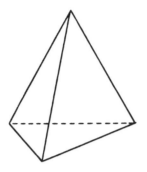

　이런 사면체의 모든 모서리의 길이가 2m라면 모든 꼭짓점은 다른 꼭짓점으로부터 정확히 2m만큼 떨어져 있다. 2020년에 등장한 어설픈 사회적 거리 두기 안내문 덕분에 이 퍼즐은 갑자기 현실 세계로 들어왔다.

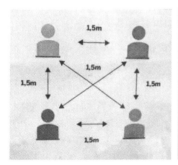

(출처 미상)

　앞에서 살펴본 것처럼, 사면체 구조 같은 형태가 아니라면 네 사람이 다른 사람과 같은 거리를 두고 저런 식으로 서 있기란 불가능하다. 공정하게도, 사면체 구조는 더 많은 바나나빵을 굽는 것만큼이나 대규모 봉쇄령이 내려진 시절을 보내는 유용한 방법인지도 모른다.

　이처럼 다소 쓸없고 사소해 보일 수도 있는 사회적 거리 두기를 소재로 한 기하 문제는 코로나바이러스로 인한 2020년 말 대규모 봉쇄령 이후 학생들이 학교로 돌아왔을 때, 이들을 강의실에 배치하는 가장 좋은 방법을 생각해내야 하는 현실적인 문제를 품고 있었다. 강의실 좌석 사이에 사면체의 격자 그물망으로 된 2층 구조를 만들자니 예산을 초과할 것이 분명했다. 그래서 우리는 강의실 바닥에 책상과 의자를 배치하는 것으로만 제한했다. 그래도 작업 현장에서 현실적인 수학을 이용한 일은 그야말로 멋졌다.

　"행과 열로 배치하는 게 최선책일까요?" 학교 관리인에게서 처음 들은 말이었다. 여기서 우리는 2m의 사회적 거리 두기는 반지름이 1m인 원의 중심에 학생이 앉아 있다면 본질상 똑같으며 이런 원을 될 수 있는 대로 많이 직사각형의 강의실에 집어넣어야 한다는 점을 이해해야 한다. 그럼 관리인이 처음에 제안한 대로 행과 열의 직사각형 배열을 생각해보자.

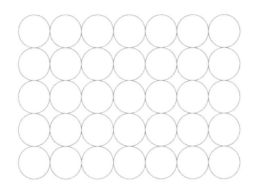

　원의 중심마다 사람이 앉아 있다고 가정한다면 이런 좌석 배열은 책상 사이의 간격이 가로와 세로 모두 2m를 유지하는, 전형으로 '시험볼 때' 배치하는 대형처럼 보인다. 정해진 평면에 될 수 있는 대로 많은 원이 들어가야 한다. 그러려면 원 사이의 영역이 최소여야 한다. 원 사이의 영역이 줄어든다는 것은 평면의 더 많은 부분을 원으로 채운다는 의미다. 이를 우리의 사회적 거리 두기에 비유하자면, 더 많은 학생이 강의실에 들어간다는 의미가 된다. 우선 위의 예에서 강의실을 효율적으로 채우는 방법을 생각해보자.

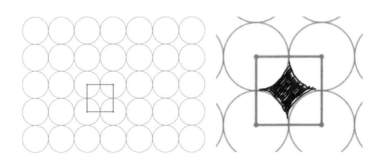

위에서 보는 것처럼 평면에 정사각형의 타일을 붙여두었다고 상상할 수도 있다. 따라서 원 부분을 이루고 있는 정사각형의 비율(색칠하지 않은 영역)을 구할 수 있다면 강의실 전체 중 이용되는 비율을 구할 수도 있다.

원의 반지름이 1m이고 정사각형의 모든 변은 이런 반지름 2개로 이루어져 있으므로 정사각형의 넓이는 2m × 2m = 4㎡가 된다. 정사각형 내부에는 한 개의 원과 같은 4개의 사분원이 존재한다. 원의 넓이는 πr^2이므로 이 경우는 반지름이 1이어서 π가 된다. 따라서 정사각형에서 색칠하지 않은 부분의 비율은 $\frac{\pi}{4}$, 약 0.785가 된다. 결국 강의실은 78.5%가 원으로 덮여 있다.

이보다 더 좋은 풀이가 있을까? 관리인이 정말 기뻐할 만한 풀이가 밝혀졌다.

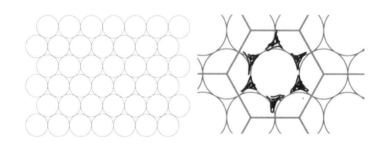

원을 정육각형 모양으로 배열하면 색칠한 영역이 줄어든다. 실제로 정육각형을 6개의 합동인 정삼각형으로 쪼개는 방식의 해답은

216쪽 글 상자에서 이미 살펴본 바 있다.

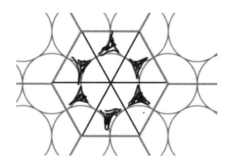

정육각형은 6개의 합동인 정삼각형으로 이루어져 있고, 각 삼각형에서 색칠하지 않은 부분의 비율은 약 91%이므로 전체 배열에서도 약 91%가 원으로 덮여 있다. 19세기에서 20세기로 넘어가는 시기에 가우스(Gauss)와 라그랑주(Lagrange)가 처음으로 규명한 것처럼, 이는 평면에 원을 배열하는 최적의 방법이다. 하지만 정육각형 배열이 최고의 배열임을 증명하는 데는 거의 150년이 걸렸다.

"이런 얘기를 150년 동안 계속해온 것 같은 기분이 들어요." 피곤한 기색으로 관리인이 말했다. "그냥 가로줄과 세로줄로만 배치하면 안 될까요?" 그래서 우리는 그렇게 했다.

맺음말

SNS에서 화제가 된 수학의 미래는?

  SNS에서 화제가 된 수학 퍼즐 중에는 생각지도 못한 문제도 있었다. 그런 문제를 두고 1년 내내 골머리를 앓다 보니 나는 지칠 대로 지치고 말았다. 내가 다룬 상당수의 퍼즐과 트릭은 서방 세계가 역사상 최악의 극단주의로 치닫기 불과 1년 전인 2015년 즈음에 큰 인기를 누렸다[2016년은 강대국끼리의 패권 다툼이 더욱 심해지고 미국과 유럽에서 테러가 수시로 일어나는가 하면 인종 갈등 문제까지 겹치면서 전 세계적으로 극단주의가 만연하던 시기로 꼽힌다. 영국에서는 국민투표를 통해 EU 탈퇴가 결정되었고, 미국에서는 국익을 우선하는 도널드 트럼프가 대통령에 당선되었다]. 세릴의 생일 같은 수학 퍼즐, 해시태그(#)가 달린 파검(파랑, 검정)이냐 흰금(흰색, 금색)이냐 하는 드레스 색깔 논쟁, 브레인스톰/그린니들 논쟁은 머지않아 우리가 맞닥뜨릴 더욱 신랄하고 편파적인 SNS 세상에 대비할 수 있도록 미리 등장한 것이 아니었을까? 그래선지 천박한 공유와 댓글 경쟁에 의존하지 않는, 좀 더 윤리적이면서도 사회적 책임을 다하는 수학 퍼즐을 만들어야겠다는 생각이 든다.

하지만 내 안의 악마는 '좋아요'와 리트윗을 갈망하는 동시에 하나로 합의를 본 깔끔한 해법을 가진 퍼즐에는 사람들이 관심을 보이지 않으리라는 것까지 훤히 꿰뚫고 있다. 초조함을 달래보고자 과학적인 연구에 돌입하기로 했다. 공휴일이 낀 주말을 이용해 토요일과 일요일 정오에 각각 하나씩 두 개의 이모티콘 방정식 퍼즐을 SNS에 올렸다. 첫 번째 퍼즐은 윤리적이면서도 책임감 있고 호의적인 문제였다. 반면 두 번째 퍼즐은 책에서 배운 모든 것을 수집해 순전히 논쟁과 분열을 일으킬, 최악의 용도로 올렸다.

#54 : 천사 퍼즐

$$💜 + 🖤 + 🖤 = 24$$
$$💜 \times 😊 + 🖤 = 32$$
$$💜 - 👍 + 😊 = 9$$
$$💜 \div 👍 (😊 - 👍) = ?$$

이 퍼즐은 SNS에서 화제가 된 퍼즐 가운데 친절하면서도 도덕적으로 순수한 형태에 속하기 때문에 여기에 '세상 사람의 95%가 이 문제를 풀 수 있다!'는 약간 변형된 낚시성 제목을 달아두었다.

해답: 첫 번째 줄에서 🖤은 의심할 여지없이 8이다. 다음 줄에서는 왼쪽에서 오른쪽으로 계산한 사람들도 정답을 얻을 수 있도록 곱셈을 덧셈보다 왼쪽에 배치했다.

🖤 × 😊 + 🖤 = 32

8 × 😊 + 8 = 32

8 × 😊 = 24 (양변에서 8을 뺀다.)

😊 = 3 (양변을 8로 나눈다.)

세 번째 줄에는 덧셈과 뺄셈만 있으므로 이번에도 문제될 것이 없다.

🖤 − 👍 + 😊 = 9

8 − 👍 + 3 = 9

11 − 👍 = 9

👍 = 2

이제 이 모든 결과를 마지막 줄에 연결하면 된다.

🖤 ÷ 👍 (😊 − 👍) = ？

$8 \div 2(3{-}2) = ?$

혁! 이것은 책 중반에서 우리를 그토록 애먹인 짓궂은 속임수의 전형 아닌가? 으음, 그런 것 같지만 예상 밖의 호의가 우리를 기다리고 있다. 다음 두 식을 찬찬히 살펴보자.

곱셈을 먼저 하면	나눗셈을 먼저 하면
$8 \div 2(3{-}2)$	$8 \div 2(3{-}2)$
$= 8 \div 2 \times 1$	$= 8 \div 2 \times 1$
$= 8 \div 2$	$= 4 \times 1$
$= 4$	$= 4$

어느 쪽이든 똑같은 결과를 얻는다! 이는 괄호 안의 식을 1(모험을 즐기고 싶으면 −1)로 만들어야 가능하다. 멋지지 않은가? 얼핏 보기에는 분열을 조장하는 듯한 이모티콘 방정식이지만, 예상 밖의 반전으로 누구나 동의하는 정답에 이르렀다. 이번에는 인간의 어두운 면을 드러내는 문제를 살펴보자.

#55 악마 퍼즐

🚶 + 🐕 + 🐟 = 6

🐜 + 🐙 = 14

(🕷 − 🦆 × 🐕) ÷ 🐍 = ?

해답: 여기에는 근거로 삼을 만한 정보가 충분치 않다! 모든 이모티콘은 한 번씩만 나타난다. 하지만 시계와 바나나 이모티콘으로 만든 암울한 술책을 이미 경험한 바 있기에 대중은 이제 표면 아래를 좀 더 깊이 파헤쳐볼 준비가 돼 있다는 생각이 든다. 합이 6인 사람, 개, 물고기는 각각 얼마씩일까? 또 합이 14인 개미와 문어는 얼마씩일까? 다리 수 아닐까? 따라서 마지막 줄은 다음과 같이 바꿀 수 있다.

(🕷 − 🦆 × 🐕) ÷ 🐍 = ?

$(8 − 2 × 4) ÷ 0 = ?$

위의 식은 0÷0으로 정리된다. 그런 다음은? 0을 0으로 나누면 어떻게 될까? 두 가지 사고의 흐름을 정리해보았다.

- '나누어 가질' 것이 전혀 없으므로 0이다. 실질적으로 나눗셈은 어떤 양을 똑같은 양으로 나누거나 '배당하는' 것을 의미한

다. 몫이 0이라면 나누어 가진 것이 없다는 의미가 된다. 한나에게 사탕이 없다면 사탕을 나눌 사람이 몇 명인가는 중요하지 않다. 아무도 사탕을 나누어 갖지 못할 테니까!

• 몫과 제수(나누어 갖는 양)가 같으므로 1이다. 5 ÷ 5 = 1, 42 ÷ 42 = 1이므로 0 ÷ 0 = 1이다.

이 둘 중에 어느 것도 정답이 아니라는 얘기를 듣더라도 그리 놀랄 일은 아니다. 실제로 0을 0으로 나누면 그 값은 '부정', 즉 정해지지 않는다. 기분 나쁘게도, 그 허용치는 0이 처한 상황에 따라 달리 적용될 수 있다. 사실상 이 퍼즐에는 답이 존재하지 않는다. 이는 다소 책임을 회피하는 소리로 들릴 수도 있지만, 솔직히 0을 0으로 나누는 논의는 피하는 것이 상책이다.

대중 실험은 어떤가? 천사 퍼즐과 악마 퍼즐 중에 어느 쪽이 더 인기를 끌었을 것 같은가? 결과는 사실 좋은 소식이 될 수도 있고 나쁜 소식이 될 수도 있다. 좋은 소식이라 함은, 주말 동안 8000여 명의 트위터 이용자가 게시물을 확인해 두 퍼즐이 거의 똑같이 인기를 얻은 것이다. 나쁜 소식이라 함은, 이들 트윗 모두 SNS 어디서도 화제를 불러 모으지 못한 것이다. 참고로 머리말에서 소개한 치즈를 소재로 한 농담은 여전히 선풍적인 인기와는 거리가 멀지만 31만4000회(그렇다, π × 10만 회)의 조회수를 기록한 바 있다.

이제 와 보니 SNS에서 화제를 일으키려면 더 잘 알았어야 했다.

소셜 네트워크를 통해 사람들 사이에서 콘텐츠가 급속히 퍼지는 바이럴리티에 대해 최근에 배운 것이 있다면 여기에는 아무런 규칙이 없다는 것이 진정한 규칙이라는 교훈이다. 이 책은 2020년~21년에 걸친 코로나바이러스 대유행 시기에 집필했다. 그 기간 많은 이들이 재택근무를 시작했다. 하룻밤 사이에 우리의 삶은 위축됐고 그 어느 때보다 더욱 SNS에 의지해 동료, 또래 친구, 가족, 바깥 세계와 소통하기에 이르렀다. 이런 현실은 온라인에서 기이할 정도로 멋진 수학 선풍을 일으켰고 덕분에 나는 수학의 미래가 밝다는 희망을 품게 되었다.

최악의 상황에서 SNS는 흔히 우리가 열두 살 때 떠나보냈어야 하는 험담하기, 따돌리기, 말 전하기, 잘난 척하기로 얼룩진, 미숙하기 그지없던 어린 시절을 연상시킬 수도 있다. 그중 가장 심각한 사례는 미국의 10대 청소년 그레이시 커닝햄이 화장을 하며 수학이 실재하는지 의문을 품는 동영상을 틱톡에 올라왔을 때 불거졌다.

출근하려고 화장하는 중이야. 어째서 수학이 진짜가 아니라고 보는지 그냥 너희한테 전하고 싶었어. 물론 우리 모두 학교가 아니더라도 어디서든 배웠기 때문에 수학이 진짜라는 건 알고 있어. 하지만 이런 개념은 누가 생각해냈을까? 아마 너희는 '피타고라스' 같은 사람을 떠올리겠지. 하지만 어떻게 그는 이런 개념을 생각해낸 걸까? 그가 존재했던 건 맞지만, 음, 도대체 언제 살았는지 난 모르니까. 음, 그래도 기술이 발

전돼 있는 현대는 아니잖아. 음, 배관시설도 없는 상태에서 '$y = mx + b$'
에 대한 걱정은 내게 맡겨줘' 하는 식이었지. 무엇보다 너흰 그걸 어떻
게 알아냈지? 대수의 개념을 어떻게 시작했지? 음, 무엇 때문에 그게
필요한 거지? 있잖아, 난 덧셈 때문에 필요했어. 잠깐, 사과 두 개에 세
개를 더하면 다섯이야. 그렇지? 그런데 너희는 대수 개념을 어떻게 알
아낸 거야? 그게 무엇 때문에 필요한 건데? 내 말이 무슨 뜻인지 알아?
그때 당시 그게 무엇 때문에 필요했냐고? 그때는 그게 필요 없었는데
어째서 그걸 생각해냈느냐고?

   이 동영상은 불과 두어 주 만에 100만 회의 조회수를 기록했고,
그 후로 트위터에도 올라와 '내가 본 것 중에 가장 바보 같은 글이
야'라는 설명과 함께 그레이시가 아닌 다른 사용자에 의해 재게시됐
다. 재게시된 동영상은 일주일도 안 돼 1300만 회 이상의 조회수와
수십만 개의 '좋아요'를 기록했다. 사람들은 '음'이나 '뭘' 같은 단어
없이는 문장을 완성할 수 없는 미국 10대 청소년의 미성숙한 사색
을 한껏 즐기는 것 같았다. 엘리트 의식에서 나온 무시와 비아냥이
줄줄이 이어졌지만 이 책에서는 그 어느 것도 되풀이하고 싶지 않
다. 호기심 많은 16세 소녀는 세계 각지에서 날아든 욕설을 한몸에
받으며 졸지에 동네북이 된 것만 같았다.
   그런데 변화의 바람이 일기 시작했다. 쟁쟁한 실력을 갖춘 수학
자와 물리학자가 그레이시의 회의론적인 태도를 지지하면서 이 문

제에 끼어든 것이다. 실제로 대수는 왜 만들어졌을까? 필요하지 않은 대수에서 필요한 대수로 수학자를 기울게 한 최초의 사건은 무엇이었을까? 일부 학자는 10대 아이들이 SNS에서 사용하는 단어를 삭제한 채 그레이시의 동영상을 낭독했다. 사회적으로 어느 정도 위상을 가진 인물이 내놓는 질문은 전혀 어리석거나 순진하지 않다는 것을 보이기 위해서였다.

수학적 경험을 쌓으려면 이런 질문을 해야 한다. 사실, 수학이 성립하는 '이유'가 궁금하고 핑크 삼각형이 정사각형의 3분의 1을 차지하는 '이유'가 궁금하고 1089 트릭이 성립하는 '이유'가 궁금한, 수학자는 수학이 정말로 진짜인지 묻는 바로 그런 사람인 것이다.

수학이 발견된 것이냐 아니면 인간이 만든 것이냐 하는 질문은 수학자 사이에서 오랫동안 논쟁을 일으켜온 주제였다. 아인슈타인은 "결국, 경험과는 별개인 인간 사고의 산물인 수학이 어떻게 현실의 대상에 감탄스러울 만큼 잘 들어맞는 걸까?"라는 말을 남겼다. 우주의 작용에 잘 들어맞도록 인간이 적용해온 수학은 인간의 창조물이 아니라 본래부터 존재하는 것이 아니었을까? 반대로, 많은 이들은 수학이 물리적 세계에 그렇게 잘 들어맞는 유일한 이유가 우리가 그렇게 만들었기 때문이라면서 물리적 세계에는 수천 년이 지났어도 수학으로 설명할 수 없는 측면이 여전히 많이 남아 있다고 주장한다. 수학이 본래부터 존재한다고 한들 무슨 문제가 되는가?

한마디로 정리하자면, '수학은 진짜일까?' 처음의 반발에 맞선 긍정적인 반격이 이루어지는 사이 나는 그레이시의 동영상을 처음 알게 됐다. 긍정적인 반격은 처음의 부정적 경향을 능가했으며 훨씬 오래 갔다. 이는 수학적 사유가 대중의 의식 속으로 파고 들어간 유일한 사건으로 기억될 것이다. 세계 각지에서 수학이 '진짜'인지 묻는 논쟁이 매우 진지하게 펼쳐졌고 이 모든 것은 화장하며 동영상을 올린 16세 소녀에게서 비롯되었다.

내가 자기편이라고 확신한 그레이시는 자기 입장을 이해하는 사람이 있다는 사실에 기뻐했다. "제가 트위터에 동영상을 올리지 않을 때조차 그렇게 많은 사람이 나에 대해 말하고 있다는 걸 알았을 땐 정말 이상야릇한 기분이 들었어요. 다른 사람이 올린 건데 말이죠. 처음에 반감이 너무 커서 지지받는 데까지 한참 걸렸죠."

그레이시의 동영상은 지속적으로 영향을 주었을까? "맙소사, 그랬어요. 저는 어느 정도 벗어났다 싶은데, 온라인에서는 여전히 그걸 갖고 수많은 농담이 오가고 있죠."

마침내 그레이시와 #mathisreal(수학은 진짜다)의 약발이 다 떨어져가는 사이, 대서양 반대편에서는 과소평가된 우리의 슈퍼스타가 서리[영국 잉글랜드 남동부에 있는 주]에 있는 다락방 어딘가에서 열풍을 일으킬 무언가를 도모하고 있었다.

계속된 봉쇄령으로 단조롭고 무료한 나날이 이어졌다. 멍하니 앉아 SNS를 훑어보던 나는 한 친구가 게시해놓은 링크를 우연히 발견했다. 친구는 이렇게 써두었다. "봉쇄령이 내게 무얼 남겼는지에 대해 여기서 뭐라고 해야 할지는 모르겠다. 하지만 스도쿠를 푸는 남자의 얘기가 담긴 25분 분량의 이 동영상은 올해 본 것 중에 가장 스릴 넘친다." 논리 퍼즐이라면 자다가도 벌떡 일어나는 퍼즐 마니아인 내게는 군침이 도는 이야기였다.

문제의 동영상은 유튜브 채널인 〈암호 풀기(Cracking The Cryptic)〉에서 찾아낸 것이었다. 여기서는 경험 많고 뛰어난 재능의 소유자인 사이먼 앤서니와 마크 굿리프가 굉장히 어려운 논리 퍼즐을 생방송으로 풀어낸다. 문제의 퍼즐은 '기적의 스도쿠'로, 앤서니는 시작하는 두 개의 수와 몇 가지 규칙만으로 스도쿠를 푼다. 맞다. 시작하는 수는 두 개뿐이다. (그것은 반나이트anti-knight, 반킹anti-king, 비연속적인 스도쿠였다. 도대체 무슨 소리인지 알아들을 수 없는 것에 흥미를 느낀다거나 심지어 도전해보고 싶다면 책 뒷부분에 소개한 스도쿠를 참조하기 바란다. 이제 얼마 남지 않았다.)

처음에 앤서니는 퍼즐 출제자인 미첼 리에게 낚였다고 확신하다가 자신이 그것을 풀 수도 있다는 사실을 서서히 깨닫기 시작한다. 동영상의 하이라이트에 해당하는 부분을 아래에 소개한다. 눈앞에서 믿을 수 없는 일이 펼쳐진다는 것을 시시각각으로 느끼는 한 남자가 흥분해서 스도쿠 칸에 숫자를 채우는 장면을 상상해보라.

3:45   사이먼이 퍼즐을 올린다.
3:50   "자, 어디 해봅시다. 장난치는 것 같은데. 찾아낼 방법이

없군요. 음, 특별한 해답이 있을지 모르지만, 사람의 힘으로 찾는 건 불가능할 것 같아요."

4:18   "…여기 가운데 칸에 1을 넣을 수 있다 해도…"

6:18   (사이먼은 1과 2를 두세 개 채웠다) "됐어요, 정말 이건 진지하게 고민해야겠군."

9:52   "지금 장난치는 건가요."

10:55 "맙소사. 대체 무슨 일인 거죠?"

12:12 (1과 2가 대부분 채워졌다) "…지금으로선 어림없겠는데요…"

12:50 "…이게 아닌데…"

17:30 "…놀라워요. 정말 입이 다물어지지 않을 만큼…"

18:20 (사이먼은 3을 몇 개 채우기 시작한다) "마술 같아요. 우린 지금 마술을 보고 있는 거예요."

19:23 (사이먼은 1, 2, 3을 모두 채웠다) "이젠 풀릴 것 같지 않나요? 놀라서 말이 안 나오네, 말을 해야 하는데."

19:50 "…지금 상황을 어떻게 설명해야 할지 모르겠어요. 마치 우주가 우릴 향해 노래하는 것 같아요."

21:40 (4와 5도 모두 채워졌다) "이건 굉장한 문제예요."

23:50 (사이먼은 8와 9를 채우기 시작한다) "우린 지금 굉장히 특별한 걸 보고 있어요. 미첼 리가 탁월한 천재성을 발휘했군요."

동영상은 유튜브에서 활동하는 퍼즐 마니아의 세상 밖으로 널리 퍼져나갔다. SNS에서 수많은 팔로워를 거느린 인플루언서와 블로거부터 소설가와 할리우드의 작가, 감독(베스트셀러 소설가인 오드리 니페네거와 영화 〈슬라이딩 도어즈〉의 작가이자 감독인 피터 호윗은 다락방에서 일궈낸 앤서니의 위업을 작품에 반영하겠다는 의사를 공개적으로 밝혔다)에 이르기까지, 자신이 목격한 최고의 퍼즐을 비정상적일 정도로 침착하게 살펴보는 이 남자의 동영상에 열광했다. 나는 사태가 진정되고 나서 6개월 뒤에 사이먼을 만나 '기적의 스도쿠'가 온라인에서 활동하는 퍼즐 해결사의 세상 밖으로 널리 퍼져나간 것을 실감하는지 물었다.

"취한 것 같아요." 지난 몇 달 동안의 흥분을 되살리듯 사이먼은 또박또박 말문을 열었다. "유튜브 채널을 시작했을 때만 해도 여전히 도시에서 일하는 중이었고 채널에 새로운 구독자가 생길 때마다 이메일을 받았어요. 이메일을 한 통이라도 받으면, 그러니까 새로운 구독자가 한 명이라도 생기면 운이 좋다고 생각했죠! 그런데 올여름 유튜브 채널의 인기가 한창일 때는 시간당 수천 명의 새로운 구독자가 생기더군요. 전 세계적으로 새로운 구독자도 생겼고 댓글도 받고 뉴스 기사에도 실렸어요. 워낙에 엄청난 일이라 이게 꿈인가 생시인가 하는 생각도 들어요."

유튜브 채널에 쏟아진 모든 찬사는 문자 그대로 서리의 다락방에서 스도쿠를 풀던 한 남자에게 바쳐진 것이다. 사이먼은 이 채널의 매력을 어떻게 설명할까? "우린 모든 규칙을 깨버렸어요. 누구든 10분을 초과하면 안 되고 짧고 분명해야 한다고 말합니다. 채널을 시청한 사람이라면 우리가 다소 장황하게 늘어놓는다 싶을 거예요. 우리 말재주가 썩 좋지는 않아요. 일단 스도쿠에 몰입하다 보면 시간 가는 줄 모르고 퍼즐에만 사로잡히게 되죠. 유튜브 시청자도 그렇게 될 수 있어요. 우리처럼 30분 동안 세상으로부터 온전히 멀어지는 경험을 하게 되는 거죠."

유튜브 채널 〈암호 풀기〉를 보는 것은 내게 금메달리스트가 경기에서 최고조에 이른 모습을 보는 것과 비슷하다. 유튜브를 시청하는 수준 높은 퍼즐 애호가의 눈에는 실수가 이따금 보일 것이다. 사이먼은 자신이 두었어야 하는 수를 언제나 자책한다고 했다. 하지만 근본적으로는 레오넬 메시의 축구 경기나 세레나 윌리엄스의 테니스 경기를 관람하는 것과 비슷하다. 대학 시절 나는 지적인 수학자의 강의를 늘 열망했다. 이쪽 분야의 전문가가 머리에 쥐가 나도록 어려운 수학을 강의하는 것을 지켜보며 수업을 따라가고자 필사적으로 노력하는 것은 매우 짜릿한 경험이다. 교수가 자신이 하는 일에 열정을 보이기만 하면 의사소통이 형편없이 서툴더라도 그다지 문제될 것이 없었다. 의사소통이 다소 서툴다고 해서 세계 최고의 퍼즐 애호가부터 왕초보에 이르기까지 다양한 수준의 시청자를 대상으로 자신의 해법을 따뜻한 어조로 명료하게 설명할 줄 아는 사이먼를 얕잡아 봐서는 안 될 일이다.

그는 나의 동료 교사였을 수도 있다. 교사는 〈암호 풀기〉 채널에 온종일 매달리고자 도시를 떠나기 전에 그가 염두에 두었던 직업이었다. 일생일대의 결단을 내리고 선택의 순간을 움켜잡았다는 사실에 그는 기뻐했을까? "아, 물론이죠. 전에는 하기 싫은 일을 어쩔 수 없이 했지만, 지금은 이처럼 놀라운 온라인 커뮤니티를 만들어냈잖아요. 우리가 그 일을 해냈다는 것이 얼마나 좋은지 몰라요." 유명세를 얻은 그들의 동영상을 보면 '기적의 스도쿠'는 250만 회의 조회수를 기록했고 가장 인기 있는 동영상은 550만 회의 조회수를 기록했다. 퍼즐을 푸는 대중 역시 그들이 그랬던 것처럼 즐거워 보인다.

이 책에서 나는 가끔 SNS에 대해 좋지 않은 입장을 보였다. 하지만 30분 동안 온라인에서 스도쿠를 풀어낸 사람이 대히트를 칠 수 있는 세상에 살고 있다는 것은 얼마나 즐거운 일인가. 또 16세 소녀를 혼내주려는 따돌림과 악성 댓글이 난무할 때 폭넓은 온라인 팔로워를 자랑하는 세계적인 전문가가 소녀를 옹호하려고 힘을 모으는 세상에서 살아간다는 것은 또 얼마나 즐거운 일인가. 나는 괴짜가 땅을 기업으로 받는다고[신약성서의 마태복음 5장 5절 나오는 '온유한 자는 복이 있나니 저희가 땅을 기업으로 받을 것임이요'를 인용한 문장] 알고 있다. 지금이 바로 그런 때라면 우리 삶은 얼마나 낙관적이란 말인가.

최근에 나는 작가이자 지속가능성 운동을 펼치는 안나 라페의 명언을 찾아냈다.

돈을 쓸 때마다 당신은 자신이 원하는 세상에 표를 던지는 것이다.

나는 온라인 생활, 그중에서도 SNS에서 우리가 만들어낸 온갖 댓글, 공유, '좋아요'에서 이와 비슷한 면을 찾게 된다. SNS에는 유익하고 건전하며 우리의 의식을 확장하는 데 도움이 되는 수학 콘텐츠가 풍성하다. 이모티콘 방정식에 그려진 바나나 열매가 세 개냐 네 개냐 혹은 시곗바늘이 2시냐 3시냐를 두고 논쟁하느라 인생을 허비할 필요는 없다. SNS가 수학이 힘들다고 죽는소리를 늘어놓으면서도 수학에 관심을 보이고 더 많은 것을 원하는 사람에게 아이디어 원천을 준 것은 정말 훌륭하다. 이제는 그들이 좋은 쪽을 향해 계속 나아가도록 할 필요가 있다.

해답

머리말

치즈 트윗 – 14쪽

대개 사람들은 각을 측정할 때 '도(°)'를 이용한다. 한 바퀴 돌면 360°, 반 바퀴 돌면 180° 등등. 도는 360이 매우 잘 나누어떨어진다는 이유로 자주 이용되는 개념이다. 우리는 360을 2, 3, 4, 5, 6, 8, 9, 10, 12…로 나머지가 남지 않도록 깔끔하게 나눌 수 있다.

이보다 수학적으로는 유용하지만 '재미'는 덜한 측정 방식은 라디안(radian)을 이용하는 것이다. 여기서 1라디안은 반지름과 호의 길이가 같은 부채꼴의 중심각으로 정의된다.

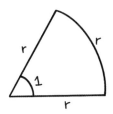

따라서 반원의 중심각은 정확히 π라디안이 된다. 여기서 π는 3.14159…로 시작돼 소수점 이후로 끝없이 이어지는 3보다 약간 큰 수를 나타낸다. 치즈 조각의 가격은 π파운드이고 공교롭게도 이는 거의 4분의 1회전에 해당한다. 이런 논리에 따르면, 브리 치즈의 절반(중심각이 π라디안)은 2π파운드가 될 것이고 치즈 가격은 1라디안당 2파운드가 된다.

(이를 수학적으로 설명하면 농담의 재미가 훨씬 떨어진다고 본문에서 밝힌 바 있다.)

1장. 심장을 쫄깃하게 하는 수학 트릭: 수학 트릭과 '꿀팁'

다음을 구해보라 – 21쪽

(a) 10의 73% = 73의 10% = 7.3

(b) 25의 12% = 12의 25% = 3

(c) 75의 16% = 16의 75% = 12

(d) 5의 44% = 44의 5% = 44의 10%의 절반 = 4.4의 절반 = 2.2

(e) 25의 13% = 13의 25% = 13의 50%의 절반 = 6.5의 절반 = 3.25

10개의 한 자릿수 곱하기 – 40쪽

10개의 수는 1부터 9까지의 자연수에서 선택 가능하다. 따라서 첫 번째 자리에 올 수 있는 수는 9가지, 두 번째 자리에 올 수 있는 수는 9가지…, 10번째 자리에 올 수 있는 수는 9가지이므로 모두 9^{10}, 다시 말해 대략 30억5000만 가지 경우가 나올 수 있다. (사실 거기까지는 알 필요도 없다.)

오히려 트릭이 성립하지 않는 모든 경우를 찾는 편이 쉬울 것 같다. 이를 위해 각 자리마다 1, 2, 4, 5, 7, 8의 6가지 수 중에서 하나를 선택한다. 앞서와 같은 논리로 6개의 수 중에서 하나씩 선택해 곱하는 방법은 모두 6^{10}가지 경우다.

또 하나가 3이나 6이지만 다른 값은 3, 6, 9가 들어가지 않는 경우를 찾아볼 필요가 있다. 이를 위해 처음 선택한 값이 3이나 6의 두 가지 경우라고 가정한다. 그 후로 선택한 아홉 개의 수는 모두 1, 2, 4, 5, 7, 8이어야 하므로 6^9가지 경우가 나온다. 지금까지 해서 우리는 2×6^9을 얻었다. 하지만 이는 첫 번째 수가 3이나 6인 경우에만 해당한다. 3이나 6은 10개의 자리에 모두 들어갈 수 있으므로 실제로 필요한 값은 $10 \times 2 \times 6^9$이다.

따라서 '성립하지 않는' 모든 경우는 $6^{10} + 20 \times 6^9$, 즉 대략 2억 6200만 가지다. 그런데 이 값이 30억5000만에서 차지하는 비율로 보면 7.5% 정도 된다. 다시 말하면 이 트릭은 거의 항상 성공한다는 뜻이다.

실제로 내 경험에 비춰보면, 이 트릭은 92.5% 이상으로 성립할 때가 많다. 어쩌면 이는 10개의 수를 무작위로 선택하라고 해도 1부터 9까지의 자연수를 지나치게 골고루 선택하기 때문이 아닌가 싶다. 그래서 선택하는 수에 대개 9가 들어 있거나 3과 6이 두서너 개씩 들어가는 경우가 많다.

2장. 내 어린 시절은 그렇지 않았지: 인터넷 이전 시대에 입소문을 탄 수학

네 가지 운동장 난제 – 59쪽

1. 2시에는 첫 번째 종소리가 울리고 나서 두 번째 종소리가 울리면 시간 재기를 멈춰야 한다. 따라서 첫 번째와 두 번째 종소리 사이에 2초가 지난다. 3시에는 첫 번째와 두 번째 종소리 사이에 2초, 두 번째 종소리와 세 번째 종소리 사이에 2초, 이렇게 모두 4초가 지난다. 따라서 정답은 **4초**다.
2. 당신의 집이 있을 수 있는 곳은 북극뿐이다. 따라서 곰의 색깔

은 **흰색**이다. 인간이 지구온난화를 멈춰야 할 이유를 대는 것이 이제는 궁색하게 느껴지듯이 북극곰의 서식지를 우리가 영원히 파괴한다면 이 수수께끼는 더 이상 아무 소용이 없을 것이다.

3. 첫 번째 줄에서 당신이 버스 운전사라고 했기 때문에 버스 운전사는 **당신**이다.

4. **당근!** 사람들이 실제로 당근이라고 했는지 제대로 된 증거는 찾아내지 못할 것 같다. 만약 그런 증거를 찾았다면 수학에 상관없이 가장 일반적인 답변은 당근일 것이다. 예전에는 그런 답변이 유력했던 것으로 기억한다. 이 책을 읽는 누군가 시도해보고 내게 알려주면 정말 고맙겠다.

3장. 다시 학교로: 화제가 된 시험 문제와 교실 속 난제

헤더의 구슬 - 84쪽

구슬 전체는 n개이고 이 중에 6개가 검은색이면 n−6개는 흰색이다. 처음에 흰 구슬을 꺼내면 주머니에는 n−1개의 구슬이 남게 된다. 이 중에 흰 구슬은 이전 단계보다 1개가 줄어든 n−7개다.

헤더가 2개의 흰 구슬을 꺼낼 확률은

$$\frac{n - 6}{n} \times \frac{n - 7}{n - 1} = \frac{1}{2}$$

$$\frac{(n - 6)(n - 7)}{n(n - 1)} = \frac{1}{2}$$

$$2(n - 6)(n - 7) = n(n - 1)$$

$$2(n^2 - 13n + 42) = n^2 - n$$

$$n^2 - 25n + 84 = 0$$

도전해보자! 네하의 사탕 – 85쪽

$$\frac{3}{n} \times \frac{2}{n - 1} = \frac{1}{7}$$

$$\frac{6}{n(n - 1)} = \frac{1}{7}$$

$$42 = n(n - 1)$$

$$42 = n^2 - n$$

$$0 = n^2 - n - 42$$

따라서 $a = -1$, $b = -42$이다. 이 방정식을 만족하는 유일한 양의 정수는 7이므로 주머니에는 처음에 7개의 사탕이 들어 있었다.

악어와 얼룩말 – 88쪽

이 문제를 다루기 전에 '벽면을 활용해 지을 수 있는 양 우리의 최대 넓이'를 찾는 해법(p90)을 살펴보는 편이 좋을 것 같다.

시간에 대한 x의 도함수가 0일 때 시간은 최소가 될 것이다.

$$T'(x) = \frac{5}{2}2x(36 + x^2)^{-0.5} - 4 = 0$$

$5x(36 + x^2)^{-0.5} = 4$ (양변에 $\sqrt{36 + x^2}$을 곱한다.)

$5x = 4\sqrt{36 + x^2}$ (양변을 제곱한다.)

$25x^2 = 16(36 + x^2)$ (분배법칙을 이용해 괄호를 풀고 이항한다.)

$25x^2 = 576 + 16x^2$

$9x^2 = 576$

$x^2 = 64$

$x = 8$

악어는 x = 8인 지점까지 헤엄쳐가야 한다. 이로써 최소 소요 시간을 구할 수 있다.

벽면을 활용해 지을 수 있는 양 우리의 최대 넓이 – 90쪽

직사각형 모양으로 된 양 우리의 짧은 변을 x로 두면, 긴 변은 36 – 2x가 되므로 양 우리의 넓이는 x(36 – 2x)가 된다. x에 대한 넓이의 변화율(A(x)의 도함수)이 0일 때 넓이는 최대가 될 것이다.

$A = x(36 - 2x) = 36x - 2x^2$ (A(x)의 도함수를 구한다.)

$\dfrac{dA}{dx} = 36 - 4x$ (도함수를 0으로 둔다.)

$36 - 4x = 0$

$4x = 36$

$x = 9$

주: 최대 넓이를 구하려고 세운 첫 번째 줄의 함수는 이차함수다. 본질상 이런 함수는 대칭성을 갖고 있으며, 이런 이유로 가능한 결과를 표로 만들면 대칭성을 띠게 된다.

감옥 문제 – 120쪽

1. 가장 좋은 방법은 간수들이 열고 닫고를 반복하는 동안 죄수별로 한 사람씩 생각해보는 것이다.

죄수 1 :   간수 1

죄수 2 :   간수 1, 2

죄수 3 :   간수 1, 3

죄수 4 :   간수 1, 2, 4

죄수 5 :   간수 1, 5

죄수 6 :   간수 1, 2, 3, 6

죄수 7 :   간수 1, 7

...

독방 문이 홀수 번 열리고 닫혀 그 결과 문이 닫힌 상태에서 열린 상태로 바뀐 죄수 1과 4는 동이 트자마자 탈출할 수 있을 것이다. 그 밖의 독방은 모두 짝수 번 열리고 닫혔기 때문에 닫힌 상태로 남아 있을 것이다. 실제로 오른쪽 줄에 있는 '간수 번호'는 왼쪽 줄에 있는 독방 번호의 '약수'다. 따라서 운이 좋은 죄수는 약수의 개수가 홀수인 독방에 갇힌 사람들이다. 약수의 개수가 홀수인 독방은 어디일까? '제곱수'인 방. 즉 1, 4, 9, 16, 25, 36, 49, 64, 81, 100호실이다.

2. 죄수들은 교도소장에게 최종적으로 보고할 '카운터(counter)' 한 사람을 지명해야 한다. 만약 카운터가 아닌 죄수가 방으로 들어와 '오프 상태'의 스위치를 보게 되면 '온 상태'로 올리지만, 기회는 단 한 번뿐이다. 그러니 또 다른 밤에 '오프 상태'의 스위치를 보더라도 자신이 이미 '온 상태'로 올렸다면 아무것도 하면 안 된다. 카운터는 '온 상태'의 스위치를 본다면 '오프 상태'로 내리고 합계에 하나를 더한다. 합계가 9에 이르면 카운터는 모든 죄수가 문제의 독방을 다녀왔다고 보고할 수 있다. 이것은 아주 효율적이라거나 빠른 방법은 아니다! 그래도 결국 원하는 결과를 얻을 수 있다.

3. 다음 전략을 따르면, 9명의 죄수는 풀려날 테지만 10번째 죄

수는 50%의 성공률을 보장받는다. 맨 뒤에 있는 죄수는 자기 앞에 있는 파란색 모자의 개수를 센 다음 짝수면 '파랑'이라 외치고 홀수면 '빨강'이라 외친다. 다음 차례의 죄수도 마찬가지로 자기 앞에 있는 파란색 모자를 셀 수 있다. 2번째 죄수가 센 파란색 모자 개수가 1번째 죄수와 같다면 2번째 죄수는 자신이 빨간색 모자를 쓰고 있음을 알게 될 것이다. 하지만 뒤에 있는 죄수와 다른 개수가 나오면 자신이 파란색 모자를 쓰고 있음을 알게 될 것이다. 이와 마찬가지로 다른 죄수 역시 자기 뒤에 있는 모든 죄수의 얘기를 듣고 자신이 쓰고 있는 모자의 색을 맞힐 수 있다. 맨 뒤에 있는 죄수는 동료를 위해 사실상 마중물 역할을 하는 셈이다. 하지만 아무리 애를 써도 맨 뒤의 죄수가 50% 이상의 확률을 기대하기는 어렵다. 주: 이 방법은 죄수가 아무리 긴 줄로 늘어서 있더라도 얼마든지 가능하다.

지수 숙제 - 120쪽

어떤 값에 다시 그 값을 곱하는 것을 일컬어 '제곱'한다고 한다. 즉, $a \times a = a^2$이다. 거기에 a를 다시 곱하면 $a \times a \times a = a^3$을 얻게 된다. 그리고 거기에 다시… . 이를 표로 정리하면 다음과 같다.

곱셈	표기법
$a \times a \times a \times a$	a^4
$a \times a \times a$	a^3

a × a	a^2
a	a^1

이런 형태로 가면 다음 칸에는 어떤 식이 들어가야 할까? 다음 줄로 옮길 때마다 실제로 위의 식을 a로 나누고 있음을 주목할 필요가 있다(a를 곱하는 곱셈을 하나씩 '지우고' 있다). 따라서 다음 줄의 왼쪽 칸에는 간단히 1을 써넣고 오른쪽 칸에는 a^0을 써넣으면 될 것이다. 오른쪽 줄의 지수를 보면, 한 줄씩 내려올 때마다 1씩 줄어들고 있기 때문이다.

곱셈	표기법
a × a × a × a	a^4
a × a × a	a^3
a × a	a^2
a	a
1	a^0

위의 표는 어떤 값이든 0을 거듭제곱하면 1임을 보여준다(음, 이건 0에다 0을 거듭제곱하는 것과는 전혀 다른 문제다. 0^0은 수학적으로 정

의할 수 없는, 그야말로 문제를 복잡하게 만드는 꼴이다). 그런데 여기서 더 나아간다면 어떻게 될까? 확실하게 입지를 굳힌 위의 방식은 왼쪽 칸에서 a로 나누기를 계속할 테니까 오른쪽 칸의 지수는 계속해서 1씩 줄어들 것이다.

곱셈	표기법
a × a × a × a	a^4
a × a × a	a^3
a × a	a^2
a	a
1	a^0
$\dfrac{1}{a}$	a^{-1}
$\dfrac{1}{a^2}$	a^{-2}
$\dfrac{1}{a^3}$	a^{-3}

마지막 두 줄이 숙제가 묻고 있는 질문이다.

4장. 잘못된 연산: 골치 아픈 연산 순서

도전해보자! – 141쪽

1. $20 - 4 \times 2 = 20 - 8 = 12$

2. $16 \div 2 + 6 = 8 + 6 = 14$

3. $16 \div (2 + 6) = 16 \div 8 = 2$

4. $2 \times 5^2 = 2 \times 25 = 50$

5. $(2 \times 5)^2 = 10^2 = 100$

세 개의 수로 6 만들기 – 160쪽

다른 방법도 있다. 아래는 예시에 불과하다.

$(1 + 1 + 1)! = 6$

$2 + 2 + 2 = 6$

$(3 + 3 - 3)! = 6$

$(4 - (4 \div 4))! = 6$

$5 + 5 \div 5 = 6$

$6 + 6 - 6 = 6$

$7 - 7 \div 7 = 6$

$8 - \sqrt{(\sqrt{(8 + 8)})} = 6$

$(\sqrt{9} + \sqrt{9} - \sqrt{9})! = 6$

0! = 1임을 알기 전까지는 3개의 0으로 6을 만들기란 도무지 불가능해 보인다. 대체 앞의 등식은 어떻게 성립하는 걸까? 이를 이해하는 방법은 몇 가지가 있다. 우선, 계승(!)은 사물을 일렬로 늘어세우는 방법의 수를 나타낸다. 0개의 사물을 일렬로 늘어세우는 방법은 얼마나 될까? 한 가지 방법밖에는 없다! n!에서 (n − 1)!에 이르려면 n으로 나누어야 한다는 사실을 알 필요가 있다. 따라서 다음과 같은 식이 성립한다.

$$4! \div 4 = 3!$$
$$3! \div 3 = 2!$$
$$2! \div 2 = 1!$$
$$1! \div 1 = 0!$$

이런 논리에 따르면, 1!은 1이고 0!도 1이다. 마지막으로 0!이 1임을 보이는 덜 수학적인 방법은 0을 크게 소리 내어 읽으면 1이 된다고 생각하는 것이다.

0! = 1[!는 크게 읽는다고 강조하는 표시이기도 하다.]

어떤 방법이든 이제는 0! = 1임을 알기에 우리는 3개의 0으로 6을 만들 수 있다.

$(0! + 0! + 0!)! = 6$

5장. 나쁜 수학: 페이스북이 대수를 만났을 때

도전해보자! 세 개의 연립방정식 - 168쪽

1. 판매된 성인 표와 아동 표의 개수를 각각 x, y라고 하면 다음과 같은 연립방정식을 얻는다.

$x + y = 400$ (판매된 티켓 수)

$10x + 8y = 3900$ (판매된 티켓값)

다음으로 위의 방정식에 10을 곱한 다음 아래 방정식을 빼면 다음과 같은 결과를 얻는다.

$10x + 10y = 4000$

$10x + 8y = 3900$

$2y = 100$

$y = 50$

아동 표는 50장이 팔렸으므로 나머지 350장은 성인 표로 보면 된다. 주: 이 문제를 대수적 방식을 쓰지 않고 좀 더 창의적으로 풀 수도 있다. 모든 표가 성인에게만 판매됐다면 공연장 측의 수익은 4000파운드일 것이다. 하지만 실제 수익은 3900파운드, 즉 100파운드가 적다. 공연장 측은 아동 표를 한 장 판매할 때마다 사실상 2파운드씩 손해를 본다. 가능한 최대 수익과 비교하면 공연장 측은 전체적으로 100파운드의 손해를 본 셈이다. 100파운드 ÷ 2파운드 = 50이므로 아동 표는 50장이 팔렸다.

2. 시작하기에 앞서 문제는 속도를 요구하고 있지만 실제로 주어진 정보는 거리와 시간의 형태를 띠고 있다는 점을 주목할 필요가 있다. 따라서 우리에게 실제로 필요한 것은 '정방향'으로 걷는 속도가 100 ÷ 25 = 4m/s이고 '역방향'으로 걷는 속도가 100 ÷ 50 = 2m/s라는 사실이다. '정방향'으로 걷는 속도는 걷는 속도와 에스컬레이터 속도의 합이지만, '역방향'으로 걷는 속도는 걷는 속도와 에스컬레이터 속도의 차다. 따라서 걷는 속도와 에스컬레이터 속도를 각각 x, y로 두면 다음과 같은 식을 얻는다.

$x + y = 4$ (정방향)

$x - y = 2$ (역방향)

두 식을 합하면 다음과 같다.

2x = 6

x = 3

걷는 속도는 3m/s이고 에스컬레이터 속도는 1m/s다.

3. 이는 극찬이 아깝지 않을 만큼 연립방정식을 통틀어 내가 가장 좋아하는 문제다! 이 문제의 처음 출처는 모른다, 다만, 나는 예전에 가르쳤던 학생으로부터 야해 보이는 윙크 이모티콘이 붙은 이 문제를 이메일로 받은 적이 있다.

문제가 시작될 때 어머니의 나이를 x, 아이의 나이를 y라 하자. 우리에게 필요한 두 방정식은 다음과 같다.

x − y = 21 (어머니는 아이보다 21살 많다.)

x + 6 = 5(y + 6) (6년 뒤에 어머니의 나이는 정확히 아이의 나이에 5배가 된다.)

두 번째 식을 간단히 정리해서 첫 번째 식과 비슷하게 항을 재배열하면 다음과 같다.

x + 6 = 5y + 30 그러므로

x − 5y = 24

이제 다시 한번 두 방정식을 함께 놓고 차를 구하면 다음과 같다.

x − y = 21

x − 5y = 24

4y = −3

y = −0.75

이는 아이 나이가 마이너스 9개월임을 의미한다. 즉, 아이가 태어나기 9개월 전이라는 것을 알 수 있다. 그렇다면 이 시점에 아이 아버지는 어디에 있을까? 따로 설명할 필요 없이 그건 여러분 상상에 맡기겠다.

연립방정식을 소재로 한 수학 마술 – 171쪽

나는 이렇게 풀었다. 더 좋은 방법도 있을 것이다. 가장 일반적인 방식으로 두 개의 방정식에서 출발해보자.

$$ax + (a + b)y = a + 2b$$

$$cx + (c + d)y = c + 2d$$

여기서 a, b, c는 임의의 상수를 나타낸다. 두 식의 차를 구해 소거할 수 있는 단계에 이르려면 첫 번째 식의 양변에는 c를 곱하고 두 번째 식의 양변에는 a를 곱한다.

$$acx + (ac + bc)y = ac + 2bc$$
$$acx + (ac + bd)y = ac + 2ad$$

이제 위의 식에서 아래 식을 빼면 다음을 얻는다.

$$(ac + bc - ac - ad)y = ac + 2bc - ac - 2ad$$

이를 간단히 하면,

$$(bc - ad)y = 2bc - 2ad \text{ 혹은 } (bc - ad)y = 2(bc - ad)$$

양변을 (bc - ad)로 나누면 y = 2를 얻는다. 처음 방정식 중의 하나에 y = 2를 대입하면 다음과 같다.

$$ax + (a + b)y = a + 2b$$

$$ax + 2(a + b) = a + 2b$$

$$ax + 2a + 2b = a + 2b$$

$$ax + 2a = a$$

$$ax = -a$$

$$x = -1$$

위와 같은 연립방정식은 계수가 무엇이라도 항상 x = −1, y = 2 라는 해를 얻을 것이다.

씨비비스 방정식 – 180쪽

위의 두 줄은 다음과 같은 식으로 바꿔볼 수 있다.

a + h + t = 26 (A)

2t − h = 20 (B)

두 식의 합을 구하면 항이 소거된다.

a + 3t = 46 (C)

나무 이모티콘이 우리가 원하는 어떤 값을 나타낸다고 하면 h와 a에 상응하는 값을 구할 수 있다.

h = 2t − 20 (위의 B식에서)
a = 46 − 3t (위의 C식에서)

따라서 나무를 5로 두면 h = −10이고 a = 31이 된다. 나무를 10으로 두면 h = 0이고 a = 16이 된다. 처음 방정식에 이들 값 혹은 그 밖의 값을 대입해보더라도 모두 성립한다.

사과, 나무, 집이 우리가 원하는 어떤 값이라고 하면 맨 아랫줄의 방정식 역시 우리가 원하는 어떤 값이 될 수 있을까? 맨 아랫줄의 방정식이 취할 수 있는 값을 찾아보자.

at − a = ? (이모티콘을 식으로 나타낸 것이다.)
a(t − 1) = ? (우리는 위에서 a를 t에 관한 식으로 나타냈다.)
(46 − 3t)(t − 1) = ?

마지막 식은 t로 나타낸 이차함수이고 이 함수는 최댓값을 갖는다. 이차함수에 대한 지식이 조금 있다면 나무 이모티콘의 값이 8.167일 때 이차함수가 최댓값으로 154.083을 갖는다는 사실을 확인할 수 있을 것이다.

빈칸 채우기 – 188쪽

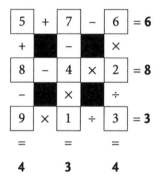

보고 말하는 수열 – 199쪽

1, 11, 21, 1211, 111221, 312211…

아무리 길게 이어져도 이 수열에서 4를 찾아볼 수 없는 이유는 뭘까? 수열에 4가 있다고 상상해보는 방법이 최선책일 것 같다. 수열은 4로 시작할 수 없으므로 4가 처음 나타나는 유일한 길은 이전 항에서 어떤 수가 연속해서 나온 횟수를 세는 것이다. 따라서 수열 어딘가에 '42'가 있다면 그것은 이전 항에 연속해서 네 개의

2('2222')가 나왔다는 의미가 될 것이다.

본 것을 말하는 규칙에 따라 크게 외치면 '2222'는 'two twos, two twos(두 개의 2, 두 개의 2)'가 된다. 하지만 여러분은 그렇게 하지 않고 'four twos(네 개의 2)'라고 외칠 것이다. 그럼 처음에 시작했던 '42'로 되돌아오고 만다. 따라서 수열에 4가 등장하는 일은 절대 없을 것이다. [2222 앞의 수열은 무엇이었을까를 생각해보면 쉽다. 2222 앞의 수열은 42여야 한다. 그러면 영원한 제자리걸음이다.]

6장. 도형의 세계로 : 무릎을 치게 만드는 기하 문제

헨크 레울링 문제 - 230쪽

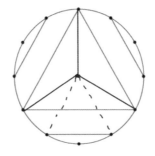

위의 문제의 정답에 이르는 '먼 길'을 소개한다. 내가 추가해놓은 검은 실선이 도형을 세 개의 합동인 세 개의 영역으로 나누었다는 점을 주목하라. 따라서 이들 가운데 한 영역의 색칠한 부분/색칠하

지 않은 부분의 비율을 찾는 것은 전체 원에서 이 같은 비율을 찾는 것과 같다. 여기에는 삼각형과 원의 넓이 공식이 이용된다.

흰 삼각형 한 개의 넓이: $\frac{1}{2}r^2\sin(\frac{2\pi}{3}) = \frac{\sqrt{3}}{4}r^2$ (A)

작은 활꼴 한 개의 넓이: $\frac{1}{2}r^2(\frac{\pi}{3}) - \frac{1}{2}r^2\sin(\frac{\pi}{3}) = \frac{\pi}{6}r^2 - \frac{\sqrt{3}}{4}r^2$ (B)

전체 원의 3분의 1 넓이: $\frac{\pi}{3}r^2$ (C)

색칠한 영역 한 개의 넓이(C − A − B): $\frac{\pi}{3}r^2 - \frac{\sqrt{3}}{4}r^2 - (\frac{\pi}{6}r^2 - \frac{\sqrt{3}}{4}r^2)$

$= \frac{\pi}{6}r^2$

따라서 색칠한 전체 영역은 $3 \times \frac{\pi}{6}r^2 = \frac{\pi}{2}r^2$, 즉 원의 절반이 된다.

맺음말

기적의 스도쿠 − 254쪽

이제 기적의 스도쿠에 도전해보자. 이 스도쿠는 4개의 숫자로 시작하기 때문에 더 쉽다! 이번에도 반나이트, 반킹, 비연속이라는 조건이 달려 있다.

반나이트: 체스에서 나이트가 움직일 수 칸에는 같은 수가 들어갈 수 없다.

반킹: 체스에서 킹이 움직일 수 있는 칸에는 같은 수가 들어갈 수 없다.

비연속: 가로나 세로줄로 이웃한 칸에는 연속한 수가 들어갈 수 없다. (대각선으로 이웃한 칸에는 연속한 수가 들어갈 수 있다.)

아, 그리고 일반적인 스도쿠 규칙도 적용된다. 정답은 내 웹사이트에 올려두었다. 행운을 빈다!

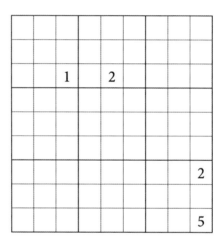

감사의 말

우선 든든한 친구가 돼준 재스민, 에드윈, 주노에게 깊은 감사의 말을 전한다. 책 전반에 걸친 조언으로 이 책의 구체적인 모습을 결정하는 데 도움을 준 에드 파울크너와 독창적인 머리말을 구상하도록 힘써준 롭 이스터웨이에게도 고맙다는 말을 하고 싶다. 팀 하포드와 알렉스 벨로스는 초안을 보고 정감 어린 지적을 해주었다.

기꺼이 시간을 내서 인터뷰에 응해준 에드 사우설, 카트리오나 애그, 키트 예이츠, 클레어 롱무어, 치카, 오필리, 매리 엘리스, 그레이시 커닝햄, 사이먼 앤서니에게는 각별히 고맙다는 말을 하고 싶다. 벤 스파크스(이 책에 소개된 몇몇 아이디어는 그가 진행한 '수학 매직' 강연에서 빌려왔다), 제임스, 탠턴, 그레이엄 커밍, 크리스 스미스, 알론 아미트에게도 고마운 마음을 전한다. 영국판 책 표지는 네

이선 버튼이 디자인했으며 멋진 삽화는 한나 아유브가 그려주었다. 그녀의 작품을 확인해보는 것도 좋을 것이다,

　디에고 라타기는 내게 Potenz vor Punkt vor Strich(덧셈/뺄셈 앞에 곱셈/나눗셈 앞에 거듭제곱)을 소개해주었다. 마틴 눈은 연립방정식 마술 트릭을 보여주었다. 케이블카 문제는 이안 스튜어트 교수의 발상으로, 고맙게도 그는 이 책에서 문제를 쓸 수 있도록 허락해주었다. 키트 예이츠는 나쁜 BODMAS 퀴즈 문제를 찾아냈다. 케이티 스테클레스는 반 토막으로 잘린 개를 연상시키는 연립방정식 문제를 소개해주었다. 클레어 윌리스는 자기 엄마의 페이스북에서 흉물스러운 이모티콘 시계를 찾아주었다. 벤자민 라이스는 해가 무려 백 자리에 이르는 이모티콘 과일 문제를 소개해주었다. 배리 돌란은 '나는 연예인이야' 쇼를 보여주었다. (배리가 초고를 전체적으로 읽고 나서 보내준 피드백은 큰 도움이 되었다.)

　나는 훌륭한 레크리에이션 수학 웹사이트인 aperiodical.com을 통해 클레어 롱무어가 SNS에 화제가 된 오케스트라 문제의 출제자라는 사실을 알게 되었다. 연산 순서를 다룬 장의 아이디어는 대부분 조 모르간과 크레이그 바턴이 진행하는 TES 팟캐스트에 소개된 것들이다. '언제나 뺄셈이 우선한다'는 아이디어는 오롯이 콜린 포스터의 것이다. 영국 성인 만화 비즈(Viz)에서 '사라진 파운드' 만화를 찾아내고 지난 수년 동안 수학과 과학 분야의 참고 문헌을 뒤적여준 그레이엄 듀리에게는 심심한 감사를 전한다.

바턴 페버릴 식스폼 칼리지에 재학 중이거나 졸업한 학생과 동료 교사들에게도 감사의 인사를 전한다. 그들은 내게 끝없는 수학적 영감을 불어넣어주었다. 특히 매트 아놀드와 폴 그린은 계산기 트릭에서 성공률을 계산할 때 도움을 주었다.

아래에 열거한 이름은 모두 이 책을 위해 어떤 식으로든 애를 써 준 분들이다. 만나본 적은 거의 없지만 이분들의 도움이 없었다면 지금 여러분 손에는 이 책이 없었을지도 모른다. 책이 꾸준히 팔리고 독자적인 서점과 출판사에 대한 지원도 꾸준히 이어졌으면 하는 바람이다.

마이리 서덜랜드 교열편집자, 리치 카르 조판, 엠마 헤이워스-둔 편집장, 케이트 발라드 수석 편집인, 앨런 크레이그 제작 책임자, 니콜로 드 비앙키 제작 매니저, 카렌 더피 광고 책임자, 제이미 포레스트 마케팅 담당 이사, 클라이브 킨토프 영업 이사, 패트릭 헌터 주요 고객 관리자, 젬마 데이비스 국제 판매 책임자, 이사벨 보고드 판촉 이사, 앨리스 라셈 저작권 관리 이사.